Heiner Schmid

PFLANZEN VEREDELN

Propfen und Okulieren

5. Auflage
45 Farbfotos
43 Zeichnungen

Inhalt

Theoretische Einführung

Die Veredlungs-Praxis

Vorwort

Dieses Taschenbuch ist für Hobbygärtner verfaßt worden, die wißbegierig und experimentierfreudig sind und die sich für ein spezielles Gebiet der Pflanzenvermehrung interessieren: das **Veredeln**.

Das Aussäen von Blumen- oder Gemüsesamen, das Teilen von Stauden oder die Vermehrung von Gartenpflanzen durch Stecklinge und Steckhölzer sind interessante und wichtige Tätigkeiten, doch eine wirkliche Herausforderung sind sie für den Liebhabergärtner nicht. Er möchte tiefer in das Fachwissen eindringen und sich weitere manuelle Fertigkeiten aneignen. Ein ganz besonderer Reiz geht dabei vom Veredeln aus, bei dem die Vereinigung zweier Pflanzen zu einer lebensfähigen und lebenslangen Gemeinschaft fachliches Können und Geschick erfordert. Und das Ergebnis abzuwarten ist spannend!

Eigene Erfahrungen als Kursleiter belegen, daß sich nicht wenige Besitzer von Gärten und Obstbaumgrundstücken auf diesem Fachgebiet versuchen und bewähren wollen, genauso wie Sie dies vorhaben. Also: nur Mut! Ein Erfolgserlebnis wird jeden Versuch belohnen.

Das hierfür notwendige fachliche Rüstzeug wird Ihnen mit diesem Buch an die Hand gegeben, damit Sie einen Obstbaum, einen Beerenobststamm, eine hängende Kätzchenweide, einen Flieder, eine Korkenzieherhasel oder einen Rosenbusch bzw. -stamm selbst erziehen können. Dabei liegt der Schwerpunkt beim Baumobst. Zieräpfel, Zierkirschen und Zierpflaumen werden auf die gleiche Art veredelt.

Neben den erforderlichen Unterlagen und Edelreisern finden Sie die Veredlungsmethoden einschließlich der Nacharbeiten in Text und Bild so einprägsam wiedergegeben, daß sie angewandt werden können, ohne fremde Hilfe in Anspruch nehmen zu müssen. Mit der Beschränkung auf wenige, aber ausreichend erläuterte Beispiele hoffe ich, daß Ihre ersten Veredlungsversuche erfolgreich sein werden. Auf kompliziertere Anzuchtmethoden, wie z. B. die Unterglas-Veredlungen von Nadel- und Laubgehölzen, und auf weniger erfolgreich verlaufende Methoden, wie die Walnuß-Freilandveredlung, wurde darum bewußt verzichtet.

Neben der Anzucht von Propfkombinationen gibt es Veredlungsverfahren, mit denen Sie Sortenkorrekturen durch Umpropfen bestehender Bäume – möglicherweise auch mit Zierformen – vornehmen können. Alle diese Methoden samt dem vorbereitenden Abwerfen sind ebenfalls so verständlich beschrieben, daß die Übertragung in die Praxis gelingen sollte.

Wenn Ihnen das Veredeln Spaß macht und Sie theoretisch Zusätzliches wissen oder einige Veredlungsmethoden dazulernen wollen, verweise ich auf mein Fachbuch „Veredeln der Obstgehölze", das ebenfalls im Verlag Eugen Ulmer erschienen ist.

Ich wünsche Ihnen nun viel Erfolg!

Heiner Schmid

Theoretische Einführung

Wenn andere Vermehrungsmethoden versagen, muß veredelt werden

Jeder Pflanzenliebhaber hat schon irgendwann einmal Pflanzen vermehrt: eine Gartenstaude durch Teilung; Himbeeren oder Erdbeeren durch Ausläufer; Stachelbeeren durch Ableger; Brombeeren durch Absenker; Geranien und Fuchsien durch Stecklinge; Johannisbeerbüsche oder Liguster durch Steckhölzer. Bei dieser ungeschlechtlichen (vegetativen) Vermehrung werden bewurzelte oder unbewurzelte Teile einer Mutterpflanze zu eigenständigen neuen Pflanzen erzogen, die allesamt auf eigener Wurzel stehen. Ihre Eigenschaften gleichen denen der Mutterpflanze. Die gewählten Beispiele zeigen, daß eine Vermehrung von Beerenobstbüschen mit diesen vegetativen Methoden möglich ist. Sie versagen aber, wenn es darum geht, Beerenobststämme oder Baumobst zu vermehren. Eine Ausnahme machen nur 'Hauszwetsche', 'Große Grüne Reneklode', 'Bühler Frühzwetsche' und 'Nancy-Mirabelle', die wurzelecht, d. h. durch Ausläufer (Wurzelschößlinge) vermehrt werden können.

Eine naheliegende andere Vermehrungsmöglichkeit ist die Aussaat von Baumobstsamen. Bei dieser geschlechtlichen oder generativen Vermehrungsmethode ist der Mißerfolg jedoch in vielen Fällen vorgegeben, weil nahezu alle Sorten von Apfel, Birne und Süßkirsche und außerdem einige Sorten bei Sauerkirsche und Pflaume auf Fremdbefruchtung angewiesen sind. Das bedeutet, sie sind selbstunfruchtbar (autosteril). Wenn aber nur fremder Pollen eine Samenanlage befruchten kann, entsteht bei Eltern mit unterschiedlichem Erbgut aus dieser Kreuzung ein Bastard. Man stelle sich vor, welch unterschiedlicher Pollen auf die Narben eines blühenden Obstbaums durch pollenübertragende Insekten gelangt! Da außerdem jede Sorte in den Erbanlagen ungleicherbig ist, trägt jeder aus einer Fremdbefruchtung hervorgegangene Same die Merkmale einer neuen Sorte in sich. Nach einer Aussaat wird die unglaubliche Mannigfaltigkeit selbstunfruchtbarer Obstarten und -sorten deutlich: Die Nachkommenschaft ist in sich sehr uneinheitlich und außerdem von den Eigenschaften des Mutterbaumes meist weit entfernt.

Mit Ausnahme der relativ wenigen in neuerer Zeit durch geplante Züchtung entstandenen Obstsorten, gehen die allermeisten Kernobst- und Steinobstsorten auf derartige zufällige Kreuzungen in der Natur zurück. Die entstandenen Bastarde sind bestimmter, überdurchschnittlicher Merkmale wegen auffällig geworden. Deshalb wurden sie von Fachleuten oder Laien „ausgelesen", und als neue Sorte weitervermehrt. Aus jedem Apfel- und Birnensamen könnte jederzeit eine ähnliche Fruchtkostbarkeit wie 'Cox Orange' oder 'Williams Christbirne' werden. Tatsächlich aber läßt die Natur derartige Glückstreffer nur gelegentlich zu. Denn die weitaus größere Zahl dieser "Zufallssämlinge" würde das

Kombinationspartner: bewurzelte Zwetschenausläufer als Unterlage und Reiser einer Edelsorte.

heute gültige Niveau bei Mostobstsorten nicht erreichen, geschweige das der Tafelobstsorten.

Die Ausführungen haben deutlich gemacht, daß eine sortenechte Vermehrung bei selbstunfruchtbaren Arten und Sorten durch Samen nicht möglich ist. Wir müssen uns deshalb noch einmal der ungeschlechtlichen Vermehrung zuwenden, denn dort gibt es neben den erwähnten Methoden (Nachkommen auf eigener Wurzel zu erziehen) eine zweite Möglichkeit: Teile von Pflanzen – Sproß und Wurzel – miteinander zu verbinden, d.h. Pflanzen zu veredeln.

Bevor die Partner einer Veredlung im nächsten Kapitel besprochen werden, gehe ich kurz darauf ein, ob man selbstfruchtbare Arten wie Pfirsich, Aprikose und bestimmte Sorten von Sauerkirsche und Pflaume durch Samen sortenecht vermehren kann; denn sie können vom eigenen Pollen befruchtet werden. Die Antwort lautet: nicht mit hundertprozentiger Sicherheit, weil Fremdbefruchtung nicht auszuschließen ist. Zwar stehen die Aussichten, daß Sämlinge dem Mutterbaum nahekommen oder mit ihm identisch sind nicht schlecht. Beim Pfirsich sind es nachgewiesen 70%; doch sind 30% unbrauchbare Bäume ein Resultat, das der Erwerbsobstbauer nicht akzeptieren kann. Wenn man bedenkt, daß ein solcher Sämling erst mehrere Jahre lang zu einem fruchtenden Baum erzogen werden muß, um an Hand der Früchte darüber zu entscheiden, ob er weiterkultiviert oder gerodet wird, ist es auch für den Hobbyobstanbauer besser, entsprechende Unterlagen zu veredeln.

Veredlungen sind Kombinationen zwischen zwei oder mehr Partnern

Eine Veredlung besteht aus mindestens zwei Partnern: der Unterlage und der Edelsorte. Unterlagen sind Pflanzen, die sich dazu eignen, der wurzellosen Edelsorte einen bewurzelten Fuß (in manchen Fällen auch mehr) „unterzulegen". Die Verbindung der beiden Partner geschieht durch Veredlung. In dieser lebenslangen Gemeinschaft übernimmt die Unterlage mit ihren Wurzeln die Wasser- und Nährstoffaufnahme. Sie dient außerdem als Synthese- und Speicherorgan, und sie sorgt für die mehr oder weniger feste Verankerung des Baumes im Boden. Diese Unterlagen werden auf unterschiedliche Weise und zu verschiedenen Zeiten veredelt: Im Sommer setzt man in Bodennähe oder Kronenhöhe Augen in sie ein, oder es werden Triebe mit Augen aufgesetzt; im Winter und Frühjahr werden nur Reiserveredlungen durchgeführt, bei denen Reiser mit Knospen mit den Unterlagen kombiniert werden. Die laubtragenden Sprosse der Edelsorte produzieren die Baustoffe (Assimilate), mit denen alle Teile der Veredlung einschließlich der Wurzel versorgt werden müssen. Sie erhalten außerdem den Stofftransport durch die Wasserverdunstung (Transpiration) aufrecht. Auch bei Veredlungen findet demnach die bei höheren Pflanzen übliche Arbeitsteilung statt.

Von außen gesehen unterscheidet sich eine junge Veredlung von einem etwa gleichaltrigen unveredelten Sämling fast nicht: In beiden Fällen sind jeweils Wurzel und Sproß vorhanden. Und doch besteht zwischen beiden ein wesentlicher Unterschied, der durch die Veredlungsstelle gekennzeichnet ist: Bei der Veredlung wurden zwei Partner mit eigenen, unterschiedlichen Stoffwechseln miteinander verbunden. Das kann zu vielschichtigen Problemen führen, wenn bekannte Vorgaben beim Kombinieren nicht beachtet werden. Näheres hierüber erfahren Sie in den Kapiteln „Veredlungsverwandtschaft" und „Unverträglichkeit". Bei veredelten Pflanzen wirkt die Schnittstelle außerdem oft so, als wäre dort ein Streifen Rinde entfernt worden. Diese „Ringelung" verursacht einen Stau der abwärts fließenden Baustoffe, infolgedessen veredelte Obstbäume früher fruchten als Sämlinge.

Wenn bei Obstgehölzen Veredlungen innerhalb verwandtschaftlicher Grenzen vorgenommen werden, verlaufen sogar gewagtere Kombinationen erfolgreich, bei denen zwischen Unterlage und Edelsorte ein dritter Partner mit ebenfalls eigenem Stoffwechsel dazwischengeschaltet wird. Derartige Doppel- oder Zwischenveredlungen müssen in der Baumschule z. B. bei Birnensorten vorgenommen werden, die mit der artfremden Quittenunterlage unverträglich sind. Der Baumschuler veredelt in solchen Fällen die Quitte mit der beispielsweise sehr verträglichen Sorte 'Gellert' und auf diese die gewünschte Fruchtsorte. Es gibt außer dieser biologischen Unverträglichkeit noch andere, vor allem wirtschaftliche Gründe, die den Baumschuler veranlassen, so zu handeln: Wenn bei der Anzucht höherer Baumformen die Edelsorte zu schwach oder nicht gerade wächst, wird eine stammbildende Sorte zwischenveredelt. Mehr darüber finden Sie im Kapitel „Stamm- und Gerüstbildner".

Die Pflanzenverwandtschaft ist Voraussetzung für erfolgreiches Kombinieren

Bei der Pflanzenveredlung ist beliebiges Kombinieren nicht möglich. Unterlage und Edelsorte müssen einander annehmen; sie dürfen sich nicht „zu fremd" sein. Ansonsten werden die Augen oder

Reiser abgestoßen. Wenn dauerhafte Lebensgemeinschaften zwischen Unterlagen und Edelsorten zustandekommen sollen, gelingt dies am besten zwischen nahen Verwandten. Das trifft für die Angehörigen einer Art in besonderer Weise zu. Sie sind in der Regel miteinander sehr verträglich. Dazu zählen z. B. Birnensorten auf Birnensämling, Apfelsorten auf Apfelsämling oder auf den vegetativ vermehrten Paradies- und Johannisapfel-Unterlagen bzw. deren Abkömmlinge. Weiter zu erwähnen sind Süßkirschensorten auf Vogelkirsche und Pfirsich- und Aprikosensorten auf arteigener Sämlingsunterlage. Auch bei Ziergehölzen werden Arten oder Gartenformen häufig mit der arteigenen Unterlage kombiniert.

Doch ist die Artzugehörigkeit keineswegs immer eine Gewähr für partnerschaftliche Harmonie. Bei verschiedenen Sorten der Sammelart Pflaume (mit Pflaume, Mirabelle, Reneklode und Zwetsche) ist Unverträglichkeit bekannt.

Natürlich war es interessant und für die Praxis wichtig, die Möglichkeiten des Kombinierens über die Artzugehörigkeit hinaus zu erkunden. Dabei ist es zu überraschenden Ergebnissen gekommen, die den Rahmen für erfolgversprechende Kombinationen beachtlich erweitert haben. Wer hätte schon vermutet, daß sich viele Sorten der Art Birne mit der weitläufiger verwandten Quitte vereinen lassen. Ähnlich überraschend sind die Kombinationsmöglichkeiten Quittensorte auf Ebereschenunterlage oder Speierling auf Birnensämling. Beide Kombinationspaare gehören zur Familie der Rosengewächse. Eine entwicklungsgeschichtliche Verwandtschaft ermöglicht es beispielsweise bei den Ziergehölzen, daß Flieder nicht nur mit der arteigenen Unterlage kombiniert werden kann, sondern auch mit der Rainweide *(Ligustrum ovalifolium)* oder der Rot- bzw. Grünesche *(Fraxinus pensylvanica)*. Die drei Pflanzen gehören der Familie der Ölbaumgewächse (Oleaceae) an.

Die verträglichen Sorten-Unterlagen-Kombinationen sind bekannt. Voraussetzung für das Anwachsen und Verwachsen der Partner ist eine ausreichende Verwandtschaft (Affinität). Erst wenn der Stoffaustausch in beiden Richtungen funktioniert, gilt eine Veredlung als gelungen.

Unverträglichkeit bei Pfropfpartnern

Wer den Begriff Unverträglichkeit in Verbindung mit veredelten Pflanzen zum ersten Mal hört, wird sich wahrscheinlich an optische Auffälligkeiten erinnern, die er irgendwann einmal gesehen hat: dicke Wulstbildungen oberhalb, manchmal auch unterhalb von Veredlungsstellen. Ein Beispiel bei veredelten Topfpflanzen ist die auf Oleander veredelte Wüstenrose *(Adenium odesum)*. Bei den Obstbäumen erzeugt z. B. die Kirschensorte 'Souvenir des Charmes' bei Stamm- oder Kronenveredlungen bauchige Verdickungen im Bereich der Pfropfstellen. Wer in seinem Garten Apfelsorten auf M 9 kultiviert, kennt die Veredlungswülste in Bodennähe. Diese Merkmale zweier wuchsmäßig ungleich veranlagter Partner sind Ausdruck einer gewissen Disharmonie, doch wäre es falsch, sie automatisch mit Unverträglichkeit gleichzusetzen. Denn sowohl der Kirschbaum als auch die Spindelbüsche können „normal" wachsen und Früchte tragen. Unverträglichkeit dagegen hat als Folge eingeschränkter Funktionen

Wulstbildungen an Veredlungsstellen der Kirschensorte 'Souvenir des Charmes' und einer Apfelsorte auf M9 stellen keine „klassische" Unverträglichkeit dar.

immer Auswirkungen: nachlassender Trieb, ungenügende Fruchtbarkeit, schlechte Fruchtausbildung, Gummifluß u. a.

Eine Unverträglichkeit kann sich schon kurz nach dem Veredeln zeigen: die Unterlage nimmt die Edelsorte nicht an; das übertragene Organ stirbt ab. Das kann z. B. bei Birnensorten geschehen, die mit der Quittenunterlage unverträglich sind oder bei bestimmten Sorten-Unterlagen-Kombinationen bei der Sammelart Pflaume.

In anderen Fällen von Unverträglichkeit brechen die einjährigen Okulate oder die jungen Bäumchen infolge unzureichender Verwachsung an den Veredlungsstellen bereits bei geringer Beanspruchung ab. Die meisten Ausfälle jedoch sind im Verlauf meiner langjährigen Beobachtungen durch „verzögerte" Unverträglichkeit am obstbaulichen Standort zu verzeichnen gewesen. Das war bei auf Steinweichsel *(Prunus mahaleb)* veredelten Sauerkirschen besonders ausgeprägt, die oft schlagartig ab dem 15. Standjahr ausgefallen sind. Dabei gab es äußerlich keine ursächlichen Hinweise. Erst beim Durchsägen der Veredlungsstellen sind die vermuteten braunen Leisten sichtbar geworden, die einen weiteren Stoffaustausch verhindert und damit zum Tod der Bäume geführt haben. Denselben Verlauf haben unverträgliche Birnen-Quitte-Kombinationen (z. B. 'Gräfin von Paris' auf Quitte A) genommen: etwa ab dem 15. Standjahr sind jährlich Bäume ausgefallen. Der Abbauprozeß verlief indes langsamer als bei den Sauerkirschen, und er war optisch erkennbar. Denn die betroffenen Bäume zeigten eindeutige Symptome: gelb- bis weißlich verfärbte Blätter, verminderte Triebleistung und fehlender Fruchtansatz.

In der Praxis gibt es zwischen vollkommener Verträglichkeit und absoluter Unverträglichkeit alle Übergangsstufen von der leichten bis zur schweren Störung. Man sollte außerdem wissen, daß das Auftreten und der Grad von Unverträglichkeit auch vom Standort und außerdem von der Pflegeintensität abhängen. Ein der Obstart oder -sorte zusagender Standort und eine gute Pflege können eine angelegte Unverträglichkeit über Jahre hinweg in Schach halten.

Ohne Kambium wäre Veredeln nicht möglich

Wer bisher noch nicht veredelt hat, kann sich nicht vorstellen, wie Unterlagen und Edelreiser miteinander vereinigt werden müssen, damit sie an- und verwachsen.

Wenn nicht in jeder Unterlage und in jedem Edelreis eine zwischen Rinde und Holz wohlgeschützte besondere Zellschicht vorhanden wäre, könnte nicht veredelt werden. Dieses aus teilungsfähigen Zellreihen bestehende Bildungsgewebe wird als Kambium bezeichnet. Es arbeitet periodisch. Im Winter während der Saftruhe findet keine Zellteilung statt. Das bedeutet, daß die Rinde fest auf dem Holz haftet. Wenn aber im Frühjahr die Knospen schwellen und austreiben, kommt die Zellteilung in Schwung: Es werden sowohl neue Zellen nach innen zum Gefäßteil als auch nach außen zum Siebteil gebildet. Diese Zellneubildung findet den ganzen Sommer über statt; zum Herbst hin schwächt sie sich ab und hört beim Vegetationsende ganz auf. Die im Frühjahr weitlumigen Gefäße werden zum Herbst von englumigen Gefäßen und außerdem von Holzzellen abgelöst. Diese jahresrhythmischen Veränderungen bei der Zellneubildung des Kambiums sind an Ast- und Stammquerschnitten als Jahresringe erkennbar. Ein Jahresring bedeutet aber, daß der Sproß dikker geworden ist. Demzufolge ist das Kambium für das Dickenwachstum der Holzpflanzen maßgebend.

Veredlungstechnisch ist von Interesse, daß sich die Rinde vor allem im Stadium der weitlumigen, dünnwändigen Zellen (besonders im Mai) leicht vom Holz abheben läßt. Aus dieser Möglichkeit wurden die Rindenpfropfmethoden entwickelt.

Für das Veredeln ist ausschlaggebend, daß die Kambien von Unterlagen und Edelreisern miteinander verwachsen können. Außerdem stellen sie, was im folgenden Kapitel erläutert wird, den Anschluß der Gefäße für die Wasserleitung und der Siebröhren für die Baustoffeleitung her. Es bleibt nur noch zu klären, wie Kambium mit Kambium in Kontakt gebracht werden kann.

Bei allen Reiserveredlungsmethoden und der Spanokulation wird das Kambium am Edelreis durch Kopulationsschnitte freigelegt.

Beim Kopulieren, Anschäften, Anplatten, beim Geißfuß- und Spaltpfropfen sowie bei der Spanokulation sorgen entsprechende Zuschnitte an den Unterlagen dafür, daß die schmalen Kambiumstreifen an den Edelreisern mit denen an den Unterlagen insgesamt oder teilweise in Deckung gebracht werden können.

Bei den Rindenpfropfmethoden ändert sich an den schmalen Kambiumstreifen der Edelreiser nichts. An den Unterlagen aber wird Kambium „in Flächen" angeboten, und zwar sowohl auf dem Holz als auch auf der Innenseite

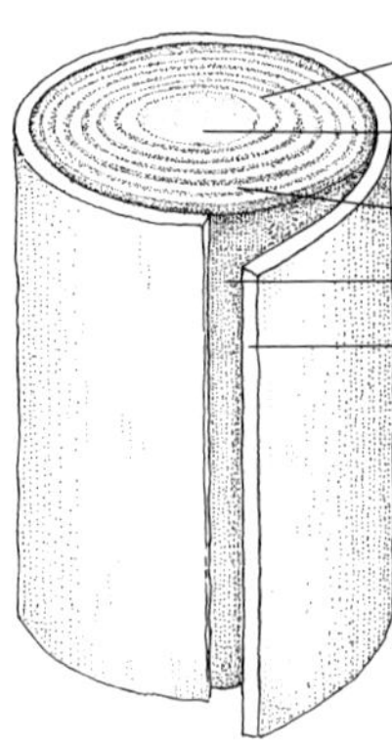

Zwischen Rinde und Holz liegt das für das Dickenwachstum verantwortliche Kambium. Dieses teilungsfähige Bildungsgewebe ermöglicht das Veredeln.

Abbildung Seite 13:
Wie das Kambium bei einigen wichtigen Veredlungsmethoden durch entsprechende Zuschnitte freigelegt wird. (Die Kambiumbänder sind zeichnerisch breiter dargestellt als am natürlichen Sproß tatsächlich vorhanden.) Von links nach rechts und von oben nach unten:

Bei der **Kopulation** *sind es schmale Kambiumellipsen.*
Auch beim **Anplatten** *wird der größte Teil der Kambiumellipsen in Verwachsungskontakt gebracht.*
Beim **Geißfußpfropfen** *muß ein keilförmiger Ausschnitt in die Unterlage gefertigt und ein Reis dementsprechend keilförmig zugeschnitten werden.*
Beim **Einfachen und Verbesserten Rindenpfropfen** *werden die Kambiumellipsen auf das flächig freigelegte Kambium der Unterlage geschoben.*
Beim **Wenckschen Rindenpfropfen** *findet das mit 2 keilförmigen Kopulationsschnitten ausgestattete Reis nicht nur flächigen Kambiumkontakt auf dem Holz, sondern auch auf der Innenseite der angehobenen Rinde.*

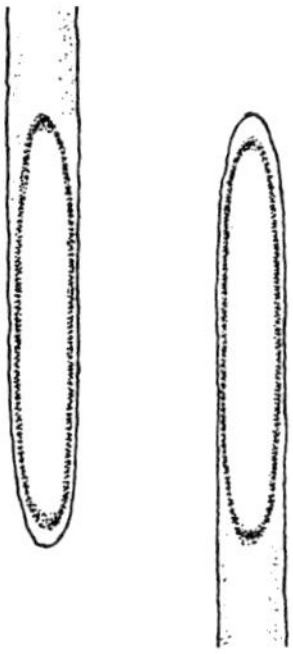

Kopulation

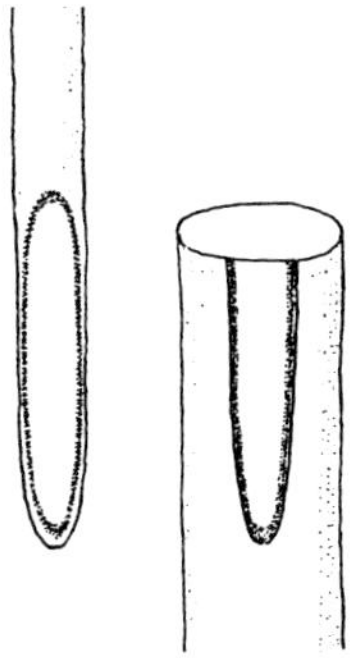

Anplatten

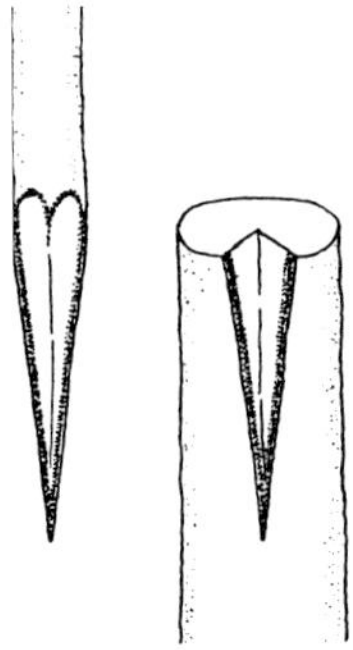

Geißfußpfropfen

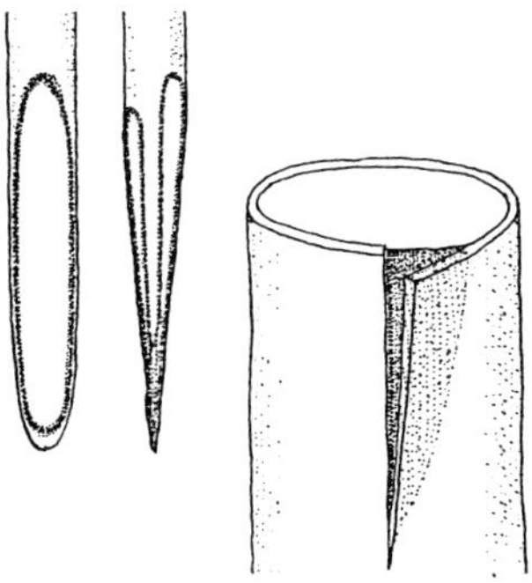

Verbessertes und Wenckscher
Rindenpfropfen

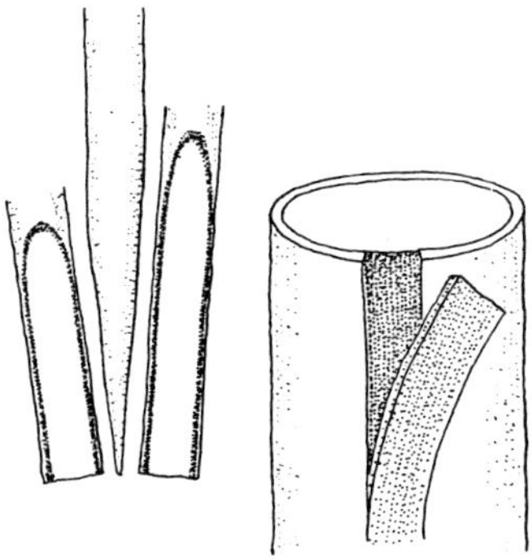

Tittelpfropfen

Beim **Tittelpfropfen** *wird aus der Rinde eine „Zunge“ gelöst; die Kambiumbänder des zweiseitig zugeschnittenen Edelreises finden innen und außen auf der Unterlagenrinde flächigen Kontakt.*
Beim **Okulieren** *wird ein „Schild“ mit einem Auge aus dem Reis geschnitten und in die durch einen T-Schnitt entstandene Tasche eingeschoben. Ist das Augenschild mit einem flachen Holzspan versehen, steht das Kambium in einem elliptischen Band zum Verwachsen bereit. Wird dagegen der Holzspan herausgelöst, ist auf der Schildinnenseite flächiges Kambium vorhanden.*

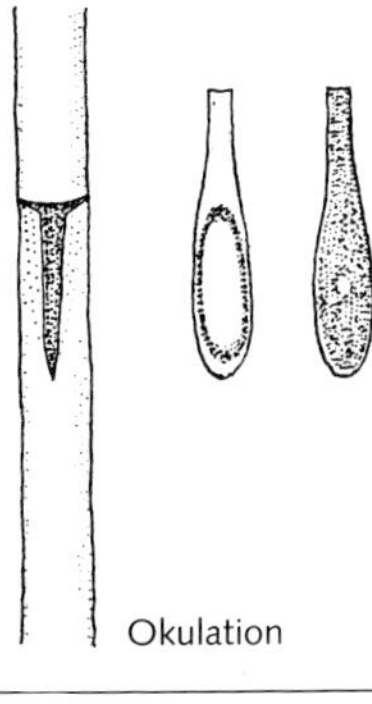

Okulation

der angehobenen Rindenflügel. Denn die Kambiumschicht wird durch das Lösen der Rinde geteilt.

Wie Pfropfpartner miteinander verwachsen

Immer wenn das Veredeln einer Unterlage mit einem Edelreis oder einem Auge gelungen ist, hat die Natur erneut eine Meisterleistung in puncto Gewebeverwachsung samt Anschluß der Transportleitungen vollbracht.

Man muß es sich einmal vorstellen, was z. B. bei einer Reiserveredlung passiert: Von einer Edelsorte wird ein Trieb abgeschnitten. An diesem losgelösten Reis wird ein länglicher Kopulationsschnitt gefertigt, mit dem man Rinde und Holz durchtrennt. Dabei werden nicht nur Zellen zerstört, sondern vor allem die Transportleitungen für Baustoffe und Wasser samt Nährstoffe unterbrochen. Die Schäden, die durch den Kopulationsschnitt an der Unterlage entstehen, sind ähnlich schwerwiegend, nur ist die bewurzelte Unterlage auch weiterhin mit Wasser und Nährstoffen versorgt. Trotz dieser Verletzungen beider Partner weiß der Fachmann aus Erfahrung, daß die Veredlung erfolgreich verläuft, wenn nur die Kambien der beiden Pfropfpartner aufeinandergefügt, fachgerecht verbunden und verstrichen werden. Wenn außerdem beim Veredeln, vor allem aber danach, sonnig-warme Witterung herrscht, ist der Veredlungserfolg eigentlich sicher.

Die inneren Verwachsungsvorgänge erfolgen in drei Phasen:

1. Phase. Nach dem Zuschnitt bildet sich an den Schnittflächen der beiden Veredlungspartner eine sogenannte Wundverbräunung aus. Diese kommt durch oxidierte Substanzen aus dem Inhalt verletzter Zellen und aus zufließenden Stoffen zustande. Die Bildung dieser Isolierschicht dauert etwa 3 bis 5 Tage. Es handelt sich um eine erste Schutzreaktion des Gehölzes auf Verletzungen. Ungefähr 3 bis 5 Tage dauert es auch, bis die Unterlage nach der Verwundung mit der Zellteilung beginnen kann. Es bildet sich vor allem auf der Schnittfläche der Unterlage ein Kallus, d. h. eine Gewebewucherung, die sich als Intermediärgewebe zwischen Unterlage und Reis ausbreitet. Dabei kann es zu ersten Gewebekontakten und dem Austausch von Wasser und anderer Stoffe kommen.

2. Phase. Bei weiterem Wachstum des Intermediärgewebes nimmt der Druck zwischen beiden Pfropfpartnern zu, was für den Verwachsungsprozeß notwendig ist (deshalb straffe Verbände!).

3. Phase. Aus dem Intermediärgewebe der Unterlage bilden sich zuerst Wachstumskeile und dann „Parenchymbrükken" (= Brücken aus Grundgewebe) in Richtung Rindengewebe des Edelreises. Diese Brücken aus Grundgewebe versorgen das Reis mit Wasser, allerdings nur notmäßig. Auf diesen Versorgungsanschluß hin beginnt auch das Reis mit der Zellteilung. Im weiteren Verlauf werden die beiden Kambien und die Periderme (Korkgewebe) miteinander vereinigt. Es bilden sich neue Transportleitungen: zuerst die Gefäße im Holzteil, dann die Siebröhren im Bastteil.

Die Verwachsung der beiden Pfropfpartner dauert zwischen 30 und 50 Tage; bei warmer Witterung verläuft sie rascher, bei kalter dauert sie länger.

Im Verlauf des Energie beanspruchenden Verwachsungsprozesses muß das veredelte Gehölz eine zusätzliche lebenswichtige Leistung vollbringen: die

Auflösung der ausgedienten Isolierschicht, damit eine Verwachsung überhaupt stattfinden kann.

Wenn diese schwach verkorkte Wundschicht nicht abgebaut wird, ist ein Stoffaustausch zwischen den Partnern nicht möglich. Das aber wäre das Ende der Veredlung: Das Reis müßte vertrocknen oder „verhungern". Untersuchungen belegen, daß Obstbäume (und andere Gehölze) in der Regel imstande sind, derartige Barrieren durch Enzyme aufzulösen und die umgesetzten Stoffe dem Stoffwechsel wieder zuzuführen. Dies geschieht etwa 15 bis 20 Tage nach der Veredlung.

Über die gegenseitige Beeinflussung der Pfropfpartner

Wenn Sie sich später über die Unterlagen des Kern- und Steinobstes informieren, wird Ihnen rasch auffallen, daß diese unterschiedlich stark wachsen. Das bedeutet, daß die wuchsmäßige Entwicklung der Edelsorte im wesentlichen von der Unterlage bestimmt wird. Natürlich geschieht dies immer nur in dem Rahmen, in dem das Wuchsmaß einer Sorte genetisch (vererbungsmäßig) festgelegt ist. Wer seither die Sorte 'Boskoop' nur vom Hochstamm her kannte, wird außerordentlich überrascht sein, wie sich diese große und ausladende Krone in Kombination mit z. B. M9 verkleinern läßt.

Durch die Kombination mit den verschiedenen Unterlagen lernen wir bei einer Edelsorte nicht nur unterschiedlichen Wuchs kennen, sondern auch andere Abweichungen der seither bekannten „Hochstammeigenschaften". Besonders verblüfft, daß 'Boskoop'-Bäumchen auf M9 bereits im zweiten

Ein Veredlungserfolg: gelungene Steinobst-Kopulation.

Standjahr mit dem Ertrag beginnen, während der Baumbesitzer beim Hochstamm oft 8 bis 10 Jahre darauf warten mußte. Neben dem Ertragsbeginn können durch die Unterlagen außerdem beeinflußt werden: Ertragshöhe und Ertragstreue, Fruchtgröße und Fruchtausfärbung, Fruchtinhaltsstoffe, Reifezeit und Lagerfähigkeit. Dabei verläuft nicht alles nach unseren Wünschen; neben Licht ist auch Schatten. Jedenfalls lernen wir durch die verschiedenartige Beeinflussung von Unterlagen eine Sorte erst richtig kennen.

Es ist sehr viel schwieriger zu beweisen, daß umgekehrt Edelsorten Unterlagen beeinflussen können. Derartige Messungen sind nur durch Aufgrabungen oder an ausgegrabenen Wurzelkronen möglich. Dennoch wurde ermittelt, daß nicht nur Zahl und Stärke von Wurzeln, sondern auch deren Verlauf im Boden von der Edelsorte geprägt werden. Das kann sich so auswirken, daß die Standfestigkeit einer Unterlage in Kombination mit bestimmten Sorten gut, mit anderen dagegen nicht ausreichend ist, so daß diese Bäume mit einem Pfahl unterstützt werden müssen.

Zwischenveredlungen üben ebenfalls einen Einfluß auf die Edelsorte und die Unterlage aus. Insgesamt ist dieser Einfluß jedoch schwächer, und zwar in beiden Richtungen.

Praktiker wollen immer wieder wissen, ob frostharte Stammbildner eine frosthärtende Wirkung auf Edelsorten ausüben können. Dies ist nicht der Fall. Die genetisch festgelegte Frosthärte einer Sorte kann durch den Stammbildner nicht verbessert werden. Ähnlich verhält es sich mit dem Einfluß rotfrüchtiger Unterlagen auf die Edelsorte. Wenn es zu einer intensiveren als der bisher bekannten Färbung der Früchte kommen sollte, wird in keinem Fall Farbstoff transportiert. Uns unbekannte, der Unterlage zuzuordnende „Verstärker" schöpfen hier das genetisch Mögliche bei der Ausfärbung einer Sorte aus. Wenn die Unterlage zufällig rotfrüchtig ist, kann man falsche Schlüsse daraus ziehen.

Obwohl neben den erwähnten Beispielen von Wechselwirkungen bei Pfropfpartnern zusätzlich nicht wenige interessante Versuchsergebnisse bekannt geworden sind, ist es nicht möglich, irgendwelche Regeln für diese Lebensgemeinschaften aufzustellen. Über die ursächlichen Zusammenhänge ist noch immer zu wenig bekannt. Erschwerend kommt hinzu, daß die an einem Standort gewonnenen Erkenntnisse nicht auf andere Standorte übertragen werden können. Denn Veränderungen bei den Pfropfkombinationen können sowohl von Bodeneinflüssen als auch von unterschiedlicher Witterung herrühren.

Die Veredlungspraxis

Zur äußeren und inneren Qualität von Edelreisern und Unterlagen

Für Obstgehölzveredlungen dürfen nur gesunde und unversehrte Langtriebe verwendet werden. Absolut ungeeignet sind durch Hagelschlag verletzte Sprosse oder durch Blattlaus- oder Blutlausbefall deformierte und geschwächte Triebe. Wenn Blattkrankheiten, wie Schorf beim Apfel oder Sprühflecken bei Kirsche, zu frühem Blattfall führen, fehlt es den äußerlich scheinbar normal entwickelten Trieben an ausreichender Reservestoffeinlagerung. Das kann sich bei Winterreisern negativ auf die Lagerdauer auswirken. Derart energiearme Sprosse sind als Edelreiser ungeeignet. Selbstverständlich müssen bei der Reisergewinnung auch Bäume ausgespart werden, die von Obstbaumkrebs befallen sind.

Neben diesen negativen Auffälligkeiten sind außerdem „verdeckte" Mängel zu beachten. Wenn Sie in einer Apfelbaumkrone außer partieweise kleinen, normal ausgebildeten Früchten zusätzlich Triebe entdecken, die durch vorzeitigen Knospenaustrieb „besenwüchsig" sind, so ist es wahrscheinlich, daß dieser Baum unter „Triebsucht" leidet. Diese Mykoplasmose wird durch Veredlung übertragen. Das Schneiden von Edelreisern wäre geradezu gefährlich!

Ein vermehrungswürdiges Edelreis zeichnet sich nicht allein durch äußere Gesundheit und Unversehrtheit aus, sondern durch innere Qualitäten, die ihm vom „Mutterbaum" mitgegeben worden sind. Darunter ist in erster Linie die Leistungsfähigkeit hinsichtlich guter Ernten zu verstehen. Über die Leistungsfähigkeit seiner Obstbäume weiß der interessierte Baumbesitzer selbst am besten Bescheid. Es ist deshalb verständlich, daß beispielsweise bei der Nachzucht einer Sorte die eigenen Reiser eines bewährten Baumes vor anderen, fremder Herkunft bevorzugt werden.

Neben älteren, jahrelang beobachteten Obstbäumen im eigenen Garten oder dem eines Gartenfreundes sind für die Gewinnung gesunder und leistungsfähiger Edelreiser junge, aus der Baumschule bezogene Obstbäume von besonderem Wert. Diese Pflanzware ist virusfrei oder virusgetestet. Das bedeutet, daß schwerwiegende Erkrankungen ausgeschaltet worden sind. Außerdem werden bei zahlreichen Sorten nur leistungsfähige Auslesen veredelt. Beim Schnitt dieser jungen Bäume werden einzelne, für den Kronenaufbau entbehrliche Triebe entfernt; sie sind ein wertvolles Reisermaterial für Veredlungen. Allerdings müssen diese Reiser spätestens im Januar geschnitten und fachgerecht überwintert werden. Bei Kopulationen können frisch geschnittene Reiser auch noch im März verwendet werden.

An diesen wenigen Beispielen wollte ich Ihnen zeigen, daß die Edelreiser für Veredlungen gesund, gut entwickelt und leistungsfähig sein müssen.

Bei den Unterlagen, die der Hobbyveredler z. B. als selbstaufgegangenen Sämling vorfindet, kann er von der

Symptome der gefährlichen Scharka-Krankheit: verwaschene Bänder und Ringe auf den Blättern und pockenfarbige Früchte.

äußeren Pflanzenqualität nur wenig und von der inneren gar nichts beurteilen. Ein äußerlich gesund erscheinender Kirschensämling kann frostanfällig, gummiflußgefährdet oder bereits von der Pfeffinger Krankheit befallen sein. Die ebenfalls als Unterlage verwendbaren Wurzelschosse von z. B. 'Hauszwetsche' oder 'Große Grüne Reneklode' können nur an Hand von Früchten und Blättern während der Vegetationsperiode auf Scharkakrankheit beurteilt werden. Nur daran sind auffällige Krankheitszeichen dieser Virose erkennbar. Wer dagegen im Spätherbst Ausläufer ausgräbt, hat keine Möglichkeit, den Gesundheitszustand des Baumes zu überprüfen.

Diese gesundheitlich unsicheren Unterlagen können für erste Veredlungsversuche benutzt werden. Darauf wird auf Seite 20 noch einmal eingegangen. Doch wer einen gesunden Obstbaum will, muß sich virusfreier oder virusgetesteter Unterlagen und Edelreiser bedienen, die seit Jahren in Obstbaumschulen für die Anzucht von Bäumen verwendet werden. Ohne diese hochwertige Pflanzware ist ein rentabler Erwerbsobstbau nicht mehr möglich. Das wird deutlich, wenn Sie im folgenden die Bedrohung der Obstbäume durch Virosen und Mykoplasmosen lesen.

Virus- und Mykoplasmakrankheiten beim Kern- und Steinobst

Als in den 50er und 60er Jahren in den Erwerbsobstanlagen die wirtschaftlichen Schäden beim Kern- und Steinobst ständig zunahmen, haben Pflanzenschutzfachleute damit begonnen, die Ursachen der Ertragsausfälle zu erforschen. Dabei sind sie auf Symptome von bisher unbekannten Krankheiten gestoßen. Das Krankheitsbild wurde zur Krankheitsbezeichnung: Adernvergilbung, Apfelmosaik, Birnenverfall, Flachästigkeit, Gummiholzkrankheit, Triebsucht und Kleinfrüchtigkeit. Es wurde eine alarmierende, die Ausfälle erklärende Verseuchung in vielen Kernobst- und Steinobstbeständen nachgewiesen, und zwar sowohl bei den Sorten als auch bei den Unterlagen.

Als Erreger wurden Viren isoliert. Das sind sehr kleine, nur unter dem Elektronenmikroskop sichtbare Eiweißverbindungen, die keinen eigenen Stoffwechsel haben. Die Folgen derartiger Viren hat jeder von uns nach Infektionen schon zu spüren bekommen. Wenn wir uns mit heißem Lindenblütentee, Honig und Zitrone gegen eine Erkältung zu wehren versuchen, geht es darum, einer Viruskrankheit (Virose) Herr zu werden. Viren verursachen noch zahlreiche andere Krankheiten.

Neben Viren haben japanische Forscher noch andere Erreger für Pflanzenkrankheiten nachweisen können: mykoplasmenähnliche Organismen (abgekürzt: MLO). In der Human- und Veterinärmedizin sind diese Krankheitserreger schon seit langem bekannt.

Bei den Obstgehölzen verursachen sie beim Apfel die Triebsucht und die Gummikrankheit und bei der Birne den Birnenverfall. Einige Beispiele in Stichworten sollen Ihnen zeigen, welche Auswirkungen ein Befall zur Folge hat (V steht für Viruskrankheit; M für Mykoplasmakrankheit):

Scharka- oder Pockenkrankheit (V) an Pflaume, Zwetsche, Aprikose und Pfirsich. Bei empfindlichen Sorten vorzeitiges Abfallen pockennarbiger und ungenießbarer Früchte.

Stecklenberger Krankheit (V) an Sauerkirsche. Im akuten Stadium Ertragsausfall von 80%; in den Folgejahren 35 bis 40%.

Triebsucht (M) des Apfels. Besenartiger Austrieb an einjährigen gestauchten Trieben, oft verbunden mit Kleinfrüchtigkeit.

Birnenverfall (M). Führt zum Absterben der Bäume auf Sämlingsunterlage; bei Jungbäumen kann dies plötzlich eintreten.

Gummiholzkrankheit (M) beim Apfel. Die Äste verholzen nicht. Sie lassen sich, als wären sie aus Gummi, gelenkähnlich rundum bewegen. Ertragsminderung und abgeschwächte Sproßbildung.

Flachästigkeit (V) beim Apfel. Deformierungen der Ast- und Zweigquerschnitte führen zu Leistungsabfall und Astbruch.

Neben diesen keineswegs vollständig aufgezählten Virosen und Mykoplasmosen mit auffälliger Symptomausbildung gibt es noch latente, d.h. verborgen wirkende Erreger, die ebenfalls beachtliche Ertragsausfälle und Wuchsminderungen verursachen.

Bei den Untersuchungen zur Verbreitung dieser Krankheiten wurde deutlich, daß die Erreger durch Veredeln von Augen oder Reisern übertragen werden. Unwissentlich ist in Baumschulen virusbefallenes Ausgangsmaterial verwendet worden, so daß die verseuchten Obstbäume für eine rasche Ausbreitung gesorgt haben.

In Pfropfkombinationen besteht die Gefahr, daß ein kranker Partner den gesunden ansteckt. So werden gesunde Unterlagen durch Einsetzen von kranken Augen infiziert. Gesunden Reisern, die auf kranke Unterlagen gepfropft werden, ergeht es ebenso. Von dieser Regel sind eigene Umpfropfungen natürlich nicht ausgenommen: Infektionen können an den Nahtstellen einer Veredlung von Zelle zu Zelle und überörtlich durch den Transport der Erreger in den Leitungsbahnen erfolgen.

Da beide Erregergruppen chemisch nicht bekämpfbar sind, hat die Biologische Bundesanstalt für Land- und Forstwirtschaft bereits 1967 die „Richtlinien zur Anzucht von virusgetesteten Obstgehölzen" herausgegeben. Diese Anleitungen wurden von Pflanzenschutzdienststellen in Zusammenarbeit mit den Baumschulen in der Praxis angewendet: Man hat die Baumschulbestände kontrolliert und dabei alle virusbefallenen Exemplare vernichtet; von jeder Sorte wurden außerdem „Bestträger" ermittelt und virusfrei gemacht. Dasselbe geschah mit den Obstunterlagen. Dieses wertvolle Ausgangsmaterial ist in staatlich eingerichteten „Reiserschnittgärten" für die Bedienung der Baumschulen gepflanzt worden.

Mittlerweile sind die Baumschuler durch die „Verordnung zur Bekämpfung von Viruskrankheiten im Obstbau" verpflichtet worden, Obstbäume nur dann noch in den Handel zu bringen, wenn sie aus Vermehrungsmaterial hergestellt sind, das aus virusgetesteten und amtlich überwachten Ausgangsbeständen stammt. Diese wertvolle Pflanzware wird seit 1979 durch gelbe und rote Etiketten gekennzeichnet. Ein gelbes Etikett bedeutet, daß der Baum virusgetestet (VT) ist, d. h., er ist frei von allen wirtschaftlich wichtigen Virosen und Mykoplasmosen. Das rote Etikett weist dagegen aus, daß der Baum frei von allen Viren (VF) und mykoplasmenähnlichen Organismen ist, die bei der jeweiligen Obstart bekannt und mit üblichen Testmethoden nachweisbar sind.

Nun wäre es sehr beruhigend, wenn sich der ausgewiesene Gesundheitszustand eines jungen Obstbaumes bis an dessen Lebensende erhalten würde. Leider ist dies nicht so. Denn manche Virose ist durch Pollen übertragbar, außerdem sind verschiedene Insekten als Überträger dieser Erreger ausgemacht worden. Dazu zählen Blattläuse, Blattsauger, Zikaden und andere Insekten. Dagegen ist eine Übertragung durch Schnittwerkzeuge unwahrscheinlich.

Wenn aber nicht ausgeschlossen werden kann, daß ein virusfreier Jungbaum während seiner weiteren Entwicklung am obstbaulichen Standort von diesen Erregern unbehelligt bleibt, scheint das Bemühen um gesunde Pflanzware umsonst zu sein. Erfreulicherweise wurde in modernen Erwerbsanlagen die Erfahrung gemacht, daß auch ältere Bestände in der Regel noch sehr gesund sind. Dies trifft besonders für das Kernobst zu, während beim Steinobst die Bedrohungen erheblich größer sind.

„Unterlagen" und Unterlagen

Wenn sich der Veredlungswunsch erst einmal in Ihren Gedanken festgesetzt hat, sehen Sie Gärten und Obstbaumgrundstücke in der freien Landschaft mit anderen Augen. Was seither als Ausläufer bei Pflaumen- und Zwetschenbäumen, als Wurzelschößling an Flieder und Rosen oder als „wild" aufgegangene Sämlinge lästig gewesen ist, wird nun als „Unterlage" hochinteressant.

Es wurde bereits erwähnt, daß nichts dagegen spricht, diese „Unterlagen" für erste Veredlungsversuche zu verwenden. Sie müssen aber äußerlich gesund, ausreichend bewurzelt und triebfreudig sein. Der Begriff „Unterlage" ist deshalb mit Anführungszeichen versehen, weil man z. B. beim Baumobst nichts über deren Gesundheitszustand weiß. Es ist demzufolge nicht auszuschließen, daß diese „Unterlagen" von Viren oder Mykoplasmen befallen sind. Das schränkt ihre Anwendung auch für den Hobbyveredler ein, denn es ist bekannt, daß die Augenannahme bei virusverseuchten Unterlagen mangelhaft ist. Anfänger beim Veredeln sind in solchen Fällen geneigt, den Mißerfolg dem eigenen Ungeschick zuzuschreiben. Es wäre schade, wenn der Wunsch, Veredeln zu lernen, wegen ungeeigneter „Unterlagen" scheitern würde.

Zu den selbstgewonnenen Wurzelsprößlingen ist noch folgendes zu bemerken: Was Sie als Veredler freut (die eigene Unterlage), stört Sie als Obstanbauer, denn Wurzelschosse am

Vogelkirschensämling im Schutze eines Birnbaumstammes gewachsen.

„Unterlagen" für erste Veredlungsversuche: doppelsprossiger Vogelkirschensämling und 2 Zwetschenausläufer (Reiser: Zierkirsche und Zwetschen-Fruchtsorte).

Stammgrund oder Ausläufer sind unerwünscht. Sie sollten jedes Jahr an ihren Entstehungsstellen weggeschnitten werden. Das ist eine mühsame Arbeit. Zwar wird die Wurzelschoßbildung nicht selten von der kombinierten Sorte beeinflußt, doch können sich Wurzelschosse nur entwickeln, wenn die Unterlage dazu neigt. Diese wenig erwünschte Eigenschaft kann bei Verwendung von Wurzelsprößlingen auf die neue Kombination übertragen werden.

Für die Anzucht gesunder und leistungsfähiger Obstbäume sind also leistungsfähige und gesunde, d. h. virusfreie oder virusgetestete Unterlagen (ohne Anführungszeichen!) unverzichtbar. Das gilt nicht nur für den Obstbaumschuler, sondern auch für den Liebhaberobstanbauer.

Hochwertige Veredlungsunterlagen für Obstgehölze, Ziergehölze und Rosen werden in speziellen Unterlagenbaumschulen erzogen. Dort besorgt sich z. B. der Obstbaumschuler die für seine Aufschulungen erforderliche Ware. An ihn sollten Sie sich wenden, wenn es um nur wenige Unterlagen geht.

In diesem Kapitel wird Ihnen eine kurzgefaßte, stichwortartige Übersicht der Ansprüche verschiedener Kernobst-, Steinobst- und Beerenobstunterlagen und deren Einflüsse auf die veredelten Sorten gegeben.

Obstunterlagen werden auf verschiedene Weise gewonnen:
1. Durch Samen, also auf geschlechtlichem (generativem) Weg. Dazu eignen sich nur ganz bestimmte Sorten, die in isoliert stehenden „Samenspenderanlagen" stehen müssen. Aus dem dort gewonnenen „muttersortenreinen" Saatgut können Sämlinge erzogen werden, die im Erbgut zwar ungleich sind, doch in ihren äußerlich erkennbaren Merkmalen nicht allzusehr aufspalten.
2. Von Mutterpflanzen gewonnene ungeschlechtlich (vegetativ) vermehrte Abrisse, Ableger, Steckhölzer oder Stecklinge. Stammt diese Nachkommenschaft von einer Mutterpflanze ab, spricht man von Klon-Unterlagen (Mehrzahl: Klone-Unterlagen). Wenn dagegen mehrere, nicht erbgleiche, einander im Erscheinungsbild aber gleichende Mutterpflanzen zur Vermehrung benutzt werden, so stammen diese Nachkommen von einem (Pflanzen-)Typ ab und sind demzufolge Typen-Unterlagen.

Kernobstunterlagen

Schwachwachsende Apfelunterlagen
Geeignet für niederstämmiges Formobst (Schnurbäume, U-Formen, Palmetten) mit einer Stammhöhe von etwa 40 cm; für Spindelbüsche und für Buschbäume (Stammhöhen 40 bis 60 cm).

Schwachwachsende Apfelunterlagen

	M 27	M 9	M 26
Kombinations-empfehlung	starkwachsende, großfrüchtige Sorten	mittelstark- bis starkwachsende Sorten	schwach-wachsende Sorten
Ertragsbeginn/ -höhe	früh und gut	früh und gut	früh und hoch
Fruchtbeein-flussung	gut; Größe weniger gut	allgemein sehr gut	allgemein gut
Kragenfäule-anfälligkeit	widerstandsfähig	widerstandsfähig	bedingt wider-standsfähig
Sonstiges	auch für Topfobstbau geeignet	Holzfrost-gefahr! Früh okulieren	nicht früh und nicht hoch veredeln

Mittelstarkwachsende Apfelunterlagen

	MM 106	M 7	M 4	MM 111
Kombinations-empfehlung	schwach- bis mittelstark-wachsende Sorten	mittelstark-wachsende, reichtragende Sorten	schwach- bis mittelstark-wachsende Sorten	schwach-wach-sende, reich-tragende Sorten
Ertragsbeginn/-höhe	früh bis mittel; gut	mittelfrüh mittel	mittelfrüh uneinheitlich	mittelfrüh mittel
Fruchtbeein-flussung	günstig	günstig	günstig	günstig
Kragenfäule-anfälligkeit	Ausfälle möglich	widerstands-fähig	widerstands-fähig	wider-stands-fähig
Sonstiges	Holzfrost möglich	unempfindlich gegen Wechsel-feuchte	frühe Okulation empfehlens-wert	standfest und frost-hart

Starkwachsende Apfelunterlagen

	M 25	M 11	A 2	Sämling
Kombinations-empfehlung	stärker wachsende Sorten	regelmäßig tragende Sorten	schwach- bis mittelstark wachsende Sorten	schwach-wachsende, großfrüch-tige Sorten
Ertragsbeginn/-höhe	früh und gut	spät und unregelmäßig	früh- bis mittel; gut	spät und unregel-mäßig
Fruchtbeein-flussung	günstig	Fruchtgröße negativ	günstig	Frucht-größe abschwä-chend
Kragenfäule-anfälligkeit	widerstands-fähig	anfällig	kein Befall bekannt	Befall möglich
Sonstiges	Frosthärte mittel	durch M 25 ersetzbar	hohe Frosthärte	frosthart virusfrei

Hohe Standortansprüche (von M 27 über M 9 nach M 26 abnehmend); M 26 auch für den Nachbau geeignet; in jedem Fall Pfahlunterstützung erforderlich.

Mittelstarkwachsende Apfelunterlagen
Geeignet für Buschbäume; die schwächerwachsenden Unterlagen MM 106, M 7 und M 4 in Kombination mit schwächerwachsenden und reichtragenden Sorten auch für Spindelbüsche.

Standortansprüche: MM 106 für mittlere Böden; M 7 für mittlere bis schwere und M 4 für alle nicht staunassen und trockenen Böden; MM 111 für leichte Böden; nur MM 111 bedarf keines Pfahls.

Starkwachsende Apfelunterlagen
Geeignet für Buschbäume und Niederstämme (Stammhöhen 60 bis 100 cm); Sämlingsunterlage für Halb- und Hochstämme (Stammhöhen 100 bis 180 cm).

Alle Unterlagen dieser Gruppe haben ein hohes Anpassungsvermögen an viele Standorte; ihre Standfestigkeit ist gut, so daß sie allenfalls in den Anfangsjahren einen leichten Pfahl benötigen (M 25).

Schwachwachsende Birnenunterlagen
Geeignet für niederstämmiges Formobst (siehe Apfel), für Spindelbüsche (Spindeln) und Buschbäume.

Arteigene vegetativ vermehrte schwachwachsende Unterlagen, wie die amerikanischen OHF-Sämlinge, stehen erst noch in obstbaulicher Prüfung. Obwohl davon bereits Unterlagen angeboten werden (z. B. OHF 333), kann vorerst auf die artfremde Quitte bei der Anzucht schwachwachsender Kombinationen mit Birne nicht verzichtet werden.

'Quitte A'. Verlangt warmen, gut durchlüfteten Boden; früher Ertragsbeginn; gleichmäßige und hohe Ernten; bessere Fruchtqualität als bei Sämlingskombinationen. Nachteilig sind: die hohe Frostanfälligkeit der Wurzel (Bodenabdekkung im Winter empfehlenswert), die Unverträglichkeit mit verschiedenen Birnensorten, die Neigung zu Chlorose (Bleichsucht der Blätter). Da Reiserveredlungen leicht ausbrechen, wird Okulation empfohlen.

Neben der 'Quitte A' gibt es noch andere Quittenunterlagen, z. B. 'Quitte C' (auch für Topfobstbau verwendbar), 'Provence-Quitte' oder 'Quitte Adams'. Keine dieser Quittenunterlagen hat die Bedeutung von 'Quitte A'.

Folgende Sorten sind mit der Quittenunterlage unverträglich oder nicht sicher verträglich und bedürfen deshalb einer Zwischenveredlung (siehe Seite 38):
Alexander Lucas
Boscs Flaschenbirne
Bristol Cross
Bunte Juli
Clairgeau
Clapps Liebling
Conference
Frühe von Trevoux
Gräfin von Paris
Gute Luise
Köstliche aus Charneu
Josephine von Mecheln
Doppelte Philippsbirne
Packhams Triumph
Präsident Drouard
Triumph von Vienne
Vereinsdechantsbirne
Williams Christbirne

Starkwachsende Birnenunterlage
Geeignet für alle Baumformen, wie Büsche, Nieder-, Halb- und Hochstämme; für bestimmte Sorten, die auf

Schwachwachsende Unterlagen eignen sich auch für den Topfobstbau.

Quitte zu schwachwachsend sind (z. B. 'Bunte Juli', 'Clairgeau', 'Dr. Jules Guyot'); auch für Formobstbäume und Spindelbüsche.

Birnensämling. Aus muttersortenreinem Saatgut der Sorte 'Kirchensaller Mostbirne' gewonnen; robuste, sehr anpassungsfähige standfeste Unterlage; Kombinationen mit Tafelbirnen, besonders aber mit Mostbirnen erreichen hohes Alter (mehr als 100 Jahre); Ertragsbeginn spät; Neigung zu Alternanz; bei Fruchtgröße und -qualität müssen Abstriche in Kauf genommen werden; Sämlinge sind virusfrei, doch können sie vom Birnenverfall heimgesucht werden.

Schwachwachsende Quittenunterlage

Zur Herstellung von Quittenbüschen wird die bei den schwachwachsenden Birnenunterlagen bereits beschriebene 'Quitte A' verwendet. Mit der in früheren Jahren benutzten Weißdornunterlage wurden Buschbäume für schlechtere Standorte und mit Rotdorn als Stammbildner auch Halbstämme erzogen. Da beide für den gefährlichen Feuerbrand *(Erwinia amylovora)* anfällig sind, ist ihre Verwendung untersagt. So sollte z. Z. auf die Anzucht höherer Baumformen verzichtet werden, weil auch die Vogelbeere als mögliche Unterlage feuerbrandgefährdet ist.

Steinobstunterlagen

Schwächerwachsende Süßkirschenunterlagen

Geeignet für niederstämmige Baumformen, wie Buschbäume und Niederstämme; die sehr schwachwachsenden Unterlagen auch für Spindelformen.

Um die Obstart Süßkirsche für den erwerbsmäßigen Anbau zu retten, wurde an verschiedenen Orten versucht, schwachwachsende Unterlagen für kleinerkronige Bäume zu selektionieren bzw. zu züchten, damit diese Kultur wieder rentabel wird. In neuerer Zeit sind derartige Unterlagen verfügbar. Erste Vergleichspflanzungen wurden an verschiedenen Plätzen angelegt, um ihr Verhalten am obstbaulichen Standort zu prüfen. Informieren Sie sich bei Ihrem Baumschuler, welche Unterlage(n) er besorgen kann.

Steppenkirsche *(Prunus fruticosa).* In Rheinhessen wird seit Jahren versucht, diese Unterlage zur Kronenverkleinerung auf trockenen Standorten zu benutzen. Es bestehen Verträglichkeitsprobleme mit den Sorten und Wurzelschosserbildung.

'Colt'. Aus England stammende Unterlage; erreicht etwa 70% der Wuchskraft von F 12/1; gegen Trockenheit empfindlich; früher Ertragsbeginn, gute Ernten; nicht überall frosthart.

'Weiroot'. Weihenstephaner Auslesen aus im Wald vorkommenden Sauerkirschen. Für Süßkirschen geeignete Klone-Nummern: 10, 13, 53, 158; Wuchskraft liegt zwischen 40 und 70% von F 12/1; schwachwachsende Unterlagen mit Pfahl unterstützen.

'Gisela'. Aus Gießen stammende Hybrid-Klone; bei 'Gisela 5' beläuft sich die Wuchskraft auf 60%, bei 'Gisela 7' auf 70% von F 12/1; gute Verträglichkeit mit den Edelsorten.

Aus Belgien kommen die schwachwachsenden Unterlagen 'Inmil' mit 30 bis 40%, 'Damil' mit 50 bis 60% und 'Camil' mit 70% der Wuchskraft von F 12/1.

Weitere Unterlagen sind in Frankreich gezüchtet worden: 'Delbard 14' (auch unter der Bezeichnung 'Maxma Delbard 14') und 'Delbard 97'.

Starkwachsende Süßkirschenunterlagen
Geeignet für Nieder- (F 12/1), Halb- und Hochstämme.
F 12/1. Aus England stammende vegetativ vermehrte Vogelkirschenauslese; wächst kaum schwächer als Sämling, trägt aber infolge Virusfreiheit zur Bestandssicherung bei; wird deshalb für nieder- und halbstämmige Kirschenanlagen bevorzugt; Frostempfindlichkeit, Gummifluß und Wurzelschoßbildung höher als bei Sämling.
Vogelkirschensämling. Sämlingsunterlagen stammen meist von 'Limburger Vogelkirsche' und der Auslese 'Hüttners Hochzucht 170 × 53' ab; gesunde Stämme bildend und widerstandsfähig gegen Frost und Gummifluß; gute Sortenverträglichkeit; starkwüchsige Jugendphase verzögert Ertragsbeginn; unfallträchtige Ernte; Sämlinge können von samenübertragbaren Viren befallen sein; virusfreie und virusgetestete Unterlagen sind verfügbar.

Schwächerwachsende Sauerkirschenunterlagen
Geeignet für Spindelbüsche und Buschbäume
Steppenkirsche. In warmen trockenen Lagen und kalkhaltigen Böden kann sie verwendet werden.
'Weiroot 11'. Soll sich vor allem für 'Schattenmorelle' eignen.
'St. Lucie 64'. Ist ebenfalls für Sauerkirsche geeignet, jedoch nicht für schwere Böden.

Starkwachsende Sauerkirschenunterlagen
Geeignet für Büsche und Niederstämme (Kronen mit Stämmen über 60 cm Länge bringen geringere Ernten!).
Steinweichsel *(Prunus mahaleb).* Ist für leichte bis gute Böden geeignet. In nassen Böden versagt sie; verträgliche, virusfreie Typen (z. B. 'CT 500') mindern das Risiko von Ausfällen.
F 12/1. Hat sich für Niederstämme bewährt.
Vogelkirschensämling. Ist sehr geschätzt, obwohl sich Ertragsbeginn verzögert.

Schwach- und mittelstarkwachsende Pflaumenunterlagen
(auch für Reneklode, Mirabelle, Zwetsche und z.T. für Pfirsich)
Geeignet für niederstämmige Baumformen (Spindelbusch, Buschbaum und Niederstamm).
'Pixy'. Erreicht nur 50 bis 60% der Wuchskraft von 'St. Julien A'; ertragreich; mit starkwachsenden und großfrüchtigen Sorten kombinieren; sehr verträglich (Ausnahme: 'Große Grüne Reneklode'); wenig Bodentriebe; leider ziemlich holzfrostempfindlich; für Spindeln geeignet.
'INRA 655/2'. Mittelstarkwachsende Unterlage für Pflaume, Mirabelle und Pfirsich; für gute Böden, auch an schwere anpassungsfähig; ertragreich und günstiger Einfluß auf Fruchtgröße; gute Verträglichkeit; wenige bis zahlreiche Bodentriebe; latenter Scharkaträger; früh veredeln (Ende Juli).
'Ishtara-Ferciana'. Mittelstarkwachsende speziell für gute Sandböden passende Unterlage (nicht für schwere, staunasse und kalkreiche Böden); gute Sortenverträglichkeit (ausgenommen 'Große Grüne Reneklode'); auch für Pfirsich und Aprikose geeignet; Erträge früh und hoch; beste Fruchtgröße; keine Wurzelausläufer. Ähnlich günstig wird 'Jaspy-Fereley' beurteilt, die sich für schwere Böden gut eignet (gegen Chlorose unempfindlich).
'St. Julien A'. Verbreitete mittelstarkwachsende Unterlage mit hohen Bodenan-

sprüchen (nässeempfindlich); gute Verträglichkeit (nicht mit 'Oullins Reneklode' und 'Italienische Zwetsche'); Erträge früh und gut; nicht überall frosthart; Ausläuferbildung.

Starkwachsende Pflaumenunterlagen
Geeignet für höherstämmige Baumformen (Nieder-, Halb- und Hochstämme).
'Brompton'. Starkwachsende, sehr verträgliche und darum vielseitig verwendbare Pflaumenunterlage (auch für Aprikose und Pfirsich); leider hochanfällig für Scharkakrankheit.
'INRA GF 8/1'. Starkwachsend; für extreme Standorte: sehr leichte und trockene, aber auch schwere und staunasse Böden; gute Sortenverträglichkeit (Ausnahme: Renekloden); mit möglichst schwachwachsenden Sorten kombinieren; wenig Bodentriebe; leider sehr scharkaanfällig; Chippen günstiger als Okulieren.
Myrobalanensämlinge. Sehr starkwachsende, uneinheitliche Unterlage für Pflaumen und Zwetschen; wurzelfrostempfindlich und z.T. sortenunverträglich; auf leichten Böden bei reichtragenden Sorten ('Ontario-Pflaume', 'Königin Victoria') hohe Ertragsleistung; ungeeignet für schwere Böden; keine Bodentriebe. Eine deutsche Auslese mit guter Sortenverträglichkeit und verbesserter Frosthärte ist 'Myruni'.

Pfirsichunterlagen
Geeignet für niederstämmige kleine Baumformen.

Von den bereits besprochenen Pflaumenunterlagen kann 'Ishtara-Ferciana' und 'Brompton' als Pfirsichunterlage verwendet werden.
Pfirsichsämling. Arteigene Unterlagen-Sämlinge können aus Samen von z. B. 'Roter Ellerstädter' (= 'Kernechter vom Vorgebirge'), 'Gimbsheimer Konservenpfirsich' oder 'Proskauer' gewonnen werden. Für leichte bis mittelschwere, nicht zu feuchte Böden; Ertragsbeginn früh, reiche Erträge; erst im September okulieren.

Aprikosenunterlagen
Geeignet für niederstämmige und teilweise für halbhohe Baumformen.

Aprikosensorten können ebenfalls auf Pflaumenunterlagen veredelt werden: 'Ishtara-Ferciana', 'INRA 655/2', 'St. Julien A', und für halbhohe Bäume wurzelechte 'Hauszwetsche' und 'Brompton' (letztere auch für Hochstämme). Da der Aprikosensämling oft von einer Welkekrankheit befallen wird, sind die erwähnten Unterlagen bedeutsam.
Aprikosensämling. Aus Samen der Sorten 'Millionär' oder 'Hinduka' werden arteigene Sämlingsunterlagen gewonnen; diese entwickeln sich in durchlässigen, tiefgründigen Böden in trockenwarmer Lage besonders gut.

Unterlagen für Beerenobststämme

Goldjohannisbeere *(Ribes aureum)*. Zur Anzucht von Fußstämmen (40 bis 50 cm Stammhöhe) und von Hochstämmen (80 bis 90 cm) hat sich die Goldjohannisbeere vor allem bei Johannisbeeren bewährt; davon gibt es verschiedene Typen mit guter Sortenverträglichkeit und geringer Anfälligkeit für Wasserkropfbildung an der Veredlungsstelle: 'Brechts Erfolg', 'Feys Spezial', 'Fritsches Ribes' und andere; die Unterlage ist auch für Stachelbeerstämme verwendbar.
Sparrige Stachelbeere *(Ribes divaricatum)*. Vor allem zur Kombination mit

Stachelbeersorten geeignet; hat sich im maritimen Klima Norddeutschlands bewährt.
Gemeine Stachelbeere *(Ribes uva-crispa).* Ebenfalls für Stachelbeerstämme empfehlenswert.
Jostabeere *(Ribes × nidigrolaria).* Sehr gut zur Kombination mit Stachelbeersorten geeignet.

Unterlagen für Busch-, Strauch- und Kletterrosen einschließlich Stammrosen

Auch die Rosenunterlagen werden in Unterlagenbaumschulen herangezogen. Für den Hobbyveredler ist es empfehlenswert, sich dieser bewährten Unterlagen beim Okulieren von Rosen zu bedienen, weil sie nach verschiedenen Gesichtspunkten ausgelesen oder gezüchtet worden sind. Dazu zählen: eine ausgeprägte Anpassungsfähigkeit an unterschiedliche Standorte; Frosthärte und Gesundheit; fehlender oder nur schwacher Besatz mit Stacheln; ein für die Okulation ausreichend langer Wurzelhals; gute Augenannahme bei möglichst langer Veredlungszeit; fehlende oder geringe Wildtriebbildung.

Die gebräuchlichsten Rosenunterlagen

Rosa canina 'Inermis'. Eine häufig verwendete, recht frostharte Unterlage, die allerdings gegen Trockenheit empfindlich ist; mittellanger Wurzelhals; sehr lange Veredlungszeit (Juni bis September); bei Trockenheit früh veredeln; geeignet für Teehybrid-, Beet-, Schnitt- und Stammrosen.
Rosa canina 'Pfänder'. Auch an Trockenheit anpassungsfähige, starkwachsende und frostharte Unterlage; nur wenig Stacheln; langer Wurzelhals; Okulation bis Ende August möglich; Wildtriebbildung mittelstark; vielseitig kombinierbar: Teehybrid-, Beet-, Park-, Kletter- und Schnittrosen; besonders empfehlenswert für Stammrosen.
Rosa corymbifera 'Laxa'. Ungeeignet für extreme Standorte: versagt in zu nassen und in zu trockenen Böden; Frosthärte mittel bis gut; starkwachsend; mit wenigen Stacheln besetzt; langer Wurzelhals; früh bis mittelfrüh (bis Mitte Juli) okulieren; fehlende bis schwache Wildtriebbildung; geeignet für Teehybrid-, Beet- und Stammrosen.

Es gibt noch einige andere Rosenunterlagen, von denen *Rosa multiflora* und die 'Stachellose Multiflora' die wichtigsten sind.

Die Unterlagen für die Veredlungsbeispiele bei den Ziergehölzen sind in den jeweiligen Abschnitten genannt.

Rückschnitt, Lagerung und Aufschulung von Unterlagen

Wenn die erforderlichen Unterlagen nicht über eine Baumschule bezogen werden, so daß dort kein Fachmann den Wurzel- und Sproßrückschnitt vornehmen konnte, müssen Sie dies unmittelbar nach Erhalt der Unterlagen mit einem scharfen Messer oder einer Baumschere selbst tun.

Rückschnitt am Beispiel der Obstunterlagen

An Hand der Obstunterlagen soll gezeigt werden, wie beim Rückschnitt von Wurzel und Sproß zu verfahren ist. Auf diese Weise behandelt man z. B. auch die Unterlagen für Flieder, Korkenzieherhasel und andere Ziergehölze.

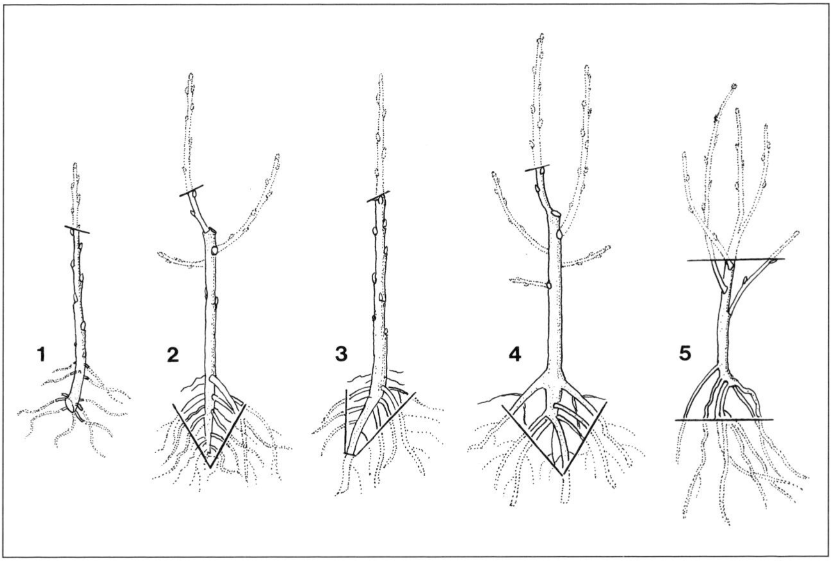

Rückschnitt von Veredlungsunterlagen. Von links nach rechts: **1** *Die schwachen Wurzeln einjähriger Abrisse sehr kurz zurückschneiden; den Sproß auf 25 bis 35 cm Länge einkürzen.* **2** *Bei zweijährig verpflanzten Abrissen die Wurzeln auf 3 bis 10 cm Länge zurückschneiden; Seitentriebe am zweijährigen Sproßabschnitt wegschneiden; den einjährigen Verlängerungstrieb auf 5 bis 10 cm Länge einkürzen.* **3** *Bei einjährigen Sämlingen die Haupt- und Seitenwurzeln deutlich einkürzen. Vom Sproß verbleiben 30 bis 40 cm. Achtung: bei Vogelkirsche den Sproß nicht zurückschneiden, da die Weiterentwicklung aus der obersten Knospe erfolgen soll!* **4** *Bei zweijährig verpflanzten Sämlingen Wurzeln etwas länger lassen (10 bis 12 cm); Seitentriebe am Sproß ganz entfernen; Verlängerungstrieb auf 10 cm zurückschneiden.* **5** *Bei Unterlagen für niedrige Rosen die Sprosse eine Handbreit über dem Wurzelhals und die Wurzeln eine Handbreit unter dem Wurzelhals abschneiden.*

Rückschnitt von Unterlagen für niedrige Rosen

Die Sprosse werden etwa eine Handbreit über dem Wurzelhals, die Wurzeln etwa eine Handbreit darunter abgeschnitten, und die Unterlagen auf Ansatzstellen von Austrieben kontrolliert, die entfernt werden müssen.

Das Einschlagen der Unterlagen

Unterlagen für Winterhandveredlungen müssen frostfrei, z. B. in einer mit Folie ausgeschlagenen und mit feuchtem Torf halbgefüllten Obstkiste eingeschlagen und in einem kühlen, dunklen, jedoch belüftbaren Raum gelagert werden. Unterlagen für Freilandveredlungen lassen sich auf dieselbe Art überwintern; sie können außerdem im Freien an einem schattigen Platz (z. B. der Nordseite eines Gebäudes) im Boden bis zum Auspflanzen im März eingeschlagen werden (Rosenunterlagen tief eingraben!).

Das Aufschulen der Unterlagen
Die überwinterten Unterlagen müssen, sobald kein strenger Frost mehr zu erwarten ist (März), ausgepflanzt werden. Dieses Aufschulen ist bei früh in den Saft kommenden Pflanzenarten (z. B. beim Steinobst) besonders wichtig. Je früher die Unterlagen im Boden einwachsen, um so brauchbarer sind sie am Veredlungstag.

Edelreiser für Baumobst- und Beerenobstveredlungen

Eine Veredlung besteht aus mindestens 2, manchmal auch aus 3 oder mehr Partnern. Nachdem Sie im vorigen Kapitel die Unterlagen kennengelernt haben, ist es nun erforderlich, die Edelreiser zu beschreiben. Sie werden oft nur als Reiser bezeichnet.

Eine Veredlung kommt immer nur dann zustande, wenn von der Edelsorte mindestens eine Sproßanlage, d. h. ein Auge auf die Unterlage erfolgreich übertragen wird. Aus diesem Auge muß sich ein neuer Sproß, der Edeltrieb, entwikkeln. Erst dann gilt die Veredlung als gelungen. Dieses Okulieren wird in Baumschulen vieltausendmal angewendet. Dabei werden Augen, die aus Blattachseln diesjähriger Triebe stammen, in die Unterlagen eingesetzt. Die diesjährigen Triebe, die sich vom Austrieb im Frühjahr bis zum Okulationstermin im Sommer gebildet haben, werden, wenn sie zum Veredeln geeignet sind, Sommerreiser genannt. Diese benötigt der Fachmann nicht nur zum Okulieren, sondern außerdem in Teilstücken mit mehreren Augen für Reiserveredlungen im August und Anfang September.

Nach dem Laubfall im Herbst ist aus dem diesjährigen, inzwischen verholzten Trieb ein einjähriger Trieb mit zahlreichen seitlichen Knospen und einer Endknospe geworden. Teilstücke dieser einjährigen Winterreiser benutzt man, um bei Winter- und Frühjahrsveredlungen jeweils mehrere Knospen je Reis auf eine Unterlage zu pfropfen. Nur in einigen wenigen Fällen ist der Baumschuler gezwungen, zwei- oder dreijährige Zweigabschnitte als Reiser zu verwenden. Das ist z. B. bei der Veredlung von Eichen, Buchen und Linden der Fall. Winterreiser werden außerdem für Spanokulationen im März und April benötigt.

Damit Sie bei Trieb und Reis, bei Auge und Knospe die Übersicht behalten, werden von nun an die Edelreiser mit ihren Sproßanlagen wie folgt unterschieden: Sommerreiser mit Augen (für Sommerveredlungen) und Winterreiser mit Knospen (für Winter- und Frühjahrsveredlungen).

Woher Edelreiser nehmen?

Wenn es darum geht, eine im eigenen Obstbaumbestand befindliche Sorte durch Veredlung zu erhalten, sind Sie, falls der Baum gesund ist, nicht auf Hilfe bei der Reiserbeschaffung angewiesen. Manchmal kann es notwendig werden, bei unzureichender Neutriebbildung bei älteren Bäumen rechtzeitig Vorsorge bezüglich der Edelreisergewinnung zu treffen: Im Frühjahr vor dem geplanten Veredlungstermin sollte ein aufrecht wachsender Ast oder Zweig auf einen etwa 30 bis 40 cm langen Stummel zurückgesägt werden. Die Schnittfläche ist mit einem Wundverschlußmittel zu verstreichen. In beinahe allen Fällen bil-

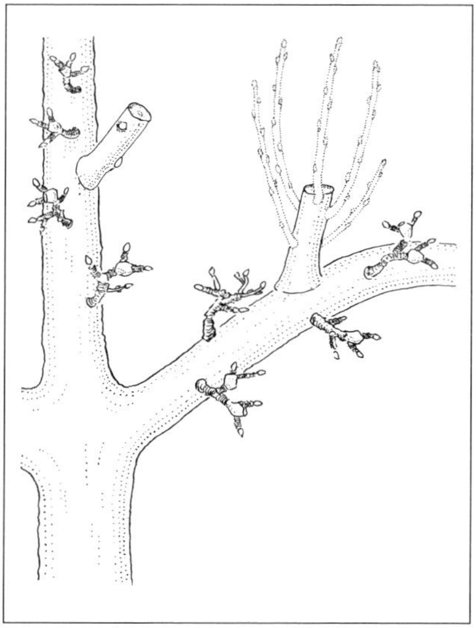

Die Edelreisergewinnung bei Obstbäumen mit unzureichendem Neutrieb: im Spätwinter oder zeitigem Frühjahr einen oder mehrere aufrechtwachsende Äste auf 30 bis 40 cm lange Stummel zurücksägen; vorhandenes Seitenholz auf Astring schneiden; die Kopfwunde(n) und größere seitliche Wunden verstreichen.

den sich bei den Kernobstarten – bei den Steinobstsorten ist dies nicht so sicher – aus Reserveknospen kräftige Neutriebe aus diesem Stummel. Sie werden im Herbst weggeschnitten und bis zum Frühjahr fachgerecht gelagert.

Wer eine im eigenen Sortiment noch nicht vorhandene Sorte veredeln möchte, kann nicht selten auf einen freundlichen Nachbarn bauen, der die gewünschte Sorte auf seinem Grundstück stehen hat und bereit ist, einige Reiser abzugeben. Im Gegensatz zu Reisern aus eigenem Bestand, ist man über die Gesundheit und die Eigenschaften dieses Veredlungsmaterials nicht in jedem Fall ausreichend im Bilde. Das ist ein Risiko, das Sie bei dieser Nachbarschaftshilfe bedenken müssen. Sofern es sich um junge Obstbäume handelt, kann davon ausgegangen werden, daß sie virusfrei oder virusgetestet sind. Sie könnten außerdem einen Erwerbsobstbauern bitten, Ihnen mit den benötigten Reisern auszuhelfen.

Wer über derartige Bezugsquellen nicht verfügt, dem wird empfohlen, die gewünschten Reiser bei einem Obstbaumschuler gegen Gebühr zu bestellen. Diese Spezialbetriebe sind seit einiger Zeit verpflichtet, für die Vermehrung von Obstbäumen virusgetestete oder virusfreie Edelreiser aus „Muttergärten" zu verwenden. Außer Sortenechtheit, wäre durch gesundes Reisermaterial gewährleistet, daß bei Verwendung kontrollierter Unterlagen gesunde und leistungsfähige Obstbäume heranwachsen.

Bei Bezug von Edelreisern über den Baumschuler ließe sich wahrscheinlich auch die Reiserlagerung für Sie problemlos regeln: Der Kühlraum im Baumschulbetrieb bietet sehr viel günstigere Lagerbedingungen als fast alle Hauskeller.

Sommerreiser

In Baumschulen werden von Juni bis September Okulationen „auf schlafendes Auge" durchgeführt. Das bedeutet, daß die übertragene Sproßanlage der Edelsorte, das Auge, zwar mit der Unterlage verwachsen, doch keinesfalls mehr während der restlichen Vegetationszeit austreiben soll. Rosenokulationen werden aus diesem Grund vorübergehend mit Boden angehäufelt. Der Austrieb ist erst im folgenden Frühjahr erwünscht. Einen entsprechenden Okulationsplan finden Sie auf Seite 43.

Außer Okulationen werden im Sommer Reiserveredlungen ausgeführt, z. B. bei Stammformen von Johannis- und Stachelbeere mittels Anplatten ab Mitte Juli und im August oder bei Sommerpfropfungen von Süßkirsche im August.

Für diese Okulationen und Reiserveredlungen werden gesunde und genügend ausgereifte diesjährige Reiser benötigt. Solche Triebe haben sich vor allem in der Kronenperipherie auf der gut belichteten südlichen Baumhälfte entwickelt. Zum Veredeln ungeeignet sind sogenannte „Wasserschosse" aus dem beschatteten Kroneninneren. Ein Sommerreis ist zuerst an der Triebbasis reif; es verholzt von dort aus in Richtung krautige Triebspitze.

Die Prüfung, ob ein Sommerreis zum Veredeln reif ist, findet an der Spitze des Triebes auf einfache Art statt: Die Reisspitze wird entweder über den Messerrücken oder zwischen den Fingern geknickt, wobei das reife Reis abbricht, während das unreife Reis umknickt. Von reifen Reisern wird jeweils die krautige Spitze, aber auch die Basis mit den nur schwach ausgebildeten Augen weggeschnitten. Beide Teile sind zum Veredeln nicht geeignet.

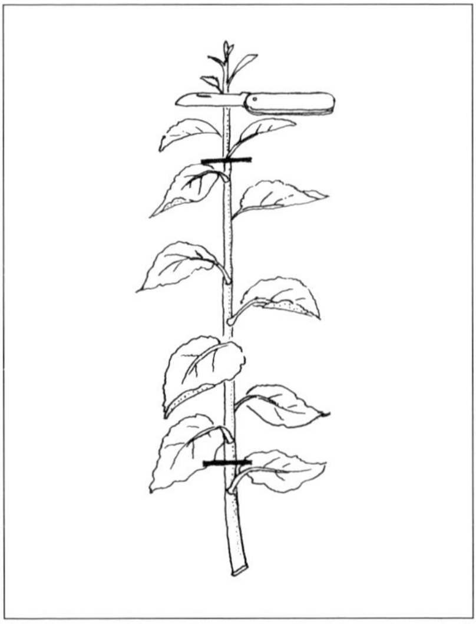

Reiserprobe vor dem Okulieren: Sommerreiser sind zum Okulieren reif, wenn die Triebspitze beim Umknicken über den Messerrükken abbricht. Zum Augenausschneiden ungeeignet sind Spitze und Basis der Triebe.

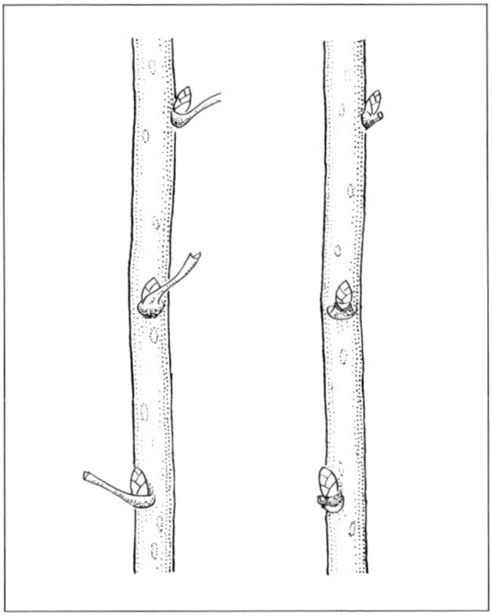

Das Entblättern von Sommerreisern für Okulationen: Wenn zum Verbinden Bast oder Gummifäden verwendet werden, bleibt ein etwa 1 cm langer Blattstielstummel stehen (links); werden dagegen Okulations-Schnell-Verschlüsse benutzt, müssen die Blattstiele einschließlich evtl. vorhandener Nebenblättchen unmittelbar vor den Augen abgeschnitten werden (rechts).

Sobald die Sommerreiser am Veredlungstag von den Mutterpflanzen weggeschnitten und auf ihre verwertbaren Teile eingekürzt worden sind, müssen Sie alle Blätter entweder mit der Schere oder mit einem Messer wegschneiden, damit der Wassergehalt in den losgelösten Trieben erhalten bleibt. Dabei ist folgendermaßen zu verfahren: Wenn zum Verbinden Bast oder Gummifäden verwendet werden sollen, läßt man einen etwa 1 cm langen Blattstielstummel stehen; wird die Okulationsstelle dagegen mit einem Okulations-Schnell-Verschluß (OSV-Fleischhauer) überspannt, so muß der Blattstiel einschließlich aller eventuell vorhandenen Nebenblättchen ganz entfernt werden.

Zum Veredeln sollte sich der Hobbygärtner einen schönen, warmen Tag ohne Niederschläge aussuchen. Die Sommerreiser schneidet man zweckmäßig am Morgen. Es ist am günstigsten, wenn sie gleich verarbeitet werden. Wer erst gegen Abend veredeln kann, muß die entblätterten und eingekürzten Sommerreiser in einem mit etwas Wasser aufgefüllten Eimer stellen. Darüber wird ein nasses Tuch gelegt.

Wenn Ihnen Sommerreiser zugeschickt worden sind, müssen sie umgehend ausgepackt und befeuchtet werden. Wenn sie nicht gleich veredelt werden können, sollte man sie in mit feuchtem Moos ausgelegte Folie einschlagen. So lassen sie sich noch einige Tage im Kühlschrank lagern.

Es ist wichtig, daß die Sommerreiser während des Veredelns vor Sonne und Wind geschützt sind. Während der Arbeit in ein feuchtes Tuch einwickeln und schattig lagern.

Winterreiser und ihre Lagerung

Für Winter- und Frühjahrsveredlungen werden einjährige Triebe der Edelsorten benötigt, die während der Winterruhe der Bäume zu schneiden sind. Die Obstbäume befinden sich von etwa Mitte November bis Mitte Dezember in völliger Winterruhe. Danach können sie im Verlauf milder Witterungsperioden bereits „in Saft" kommen. Dies gilt besonders für die frühaustreibenden Steinobstarten. Durch rechtzeitigen Wegschnitt von den Mutterbäumen und anschließender kühl-feuchter Lagerung muß versucht werden, diesen Ruhezustand in den Winterreisern möglichst bis zum Veredlungstermin zu erhalten. Das ist, was später noch erläutert wird, bei Steinobstreisern besonders wichtig. Ein früher Reiserschnitt im Dezember wird daher bei allen Steinobstarten empfohlen. Weil aber Edelreiser stets nur bei frostfreiem Wetter geschnitten werden sollten, können Steinobstreiser auch noch bis Ende Januar geschnitten werden, wenn dies im Dezember wegen Dauerfrostes nicht möglich war. Mit später entnommenen, sich nicht mehr in Winterruhe befindlichen Steinobstreisern nehmen jedoch in der Regel die Ausfälle beim Veredeln zu, vor allem bei späten Frühjahrsveredlungen.

Es ist außerdem darauf hinzuweisen, daß tiefe winterliche Temperaturen zu Frostschäden beim Kambium führen können. Das zwischen Rinde und Holz eingebettete Kambium ist dann als bräunlicher Ring erkennbar. Zwar erholt sich dieses geschädigte Teilungsgewebe fast immer im Verlauf der Vegetationsperiode, doch kann es beim Verwachsen von Veredlungen Schwierigkeiten geben. Wenn in einer derartigen Situation die Möglichkeit besteht, an unbeschädigte, weil vor dem Frost geschnittene Reiser zu kommen, sollten Sie davon Gebrauch machen.

Kernobstreiser gelten als weniger empfindlich. Sie können ohne Bedenken auch noch später geschnitten werden: im Januar (und Februar). Mit frisch geschnittenen Reisern wurden sogar Kopulationen bis Ende März mit vollem Erfolg durchgeführt.

Beim Schneiden der Winterreiser ist darauf zu achten, daß nur kräftige, gesunde, unverletzte einjährige Langtriebe aus der besonnten Kronenperipherie entnommen werden. Die im Kroneninneren gewachsenen „Wasserschosse" sind dagegen von minderer Qualität; sie können allenfalls zum Überbrücken von langgestreckten Wunden verwendet werden. Als kräftig gelten Reiser, die in der Mitte ihrer Länge etwa einen Zentimeter dick sind. Weniger als bleistiftstark sollten sie dort nicht sein. Kräftige Winterreiser überstehen wegen ihres höheren Gehalts an Wasser und an Reservestoffen eine mehrwöchige Lagerung besser als schwache Triebe, die oft schnell vertrocknet sind. Wenn nur schwache Edelreiser verfügbar sind, muß bald – möglichst schon im Februar – veredelt werden. Starke Reiser bleiben dagegen bei sachgemäßer Lagerung bis zu den Veredlungsterminen für die Rindenpfropfmethoden im April und Mai intakt. Vergessen Sie nicht, die gebündelten Reiser zu etikettieren!

Mancher Anfänger im Fach kann es sich nicht vorstellen, daß im Dezember oder Januar vom Mutterbaum weggeschnittene Winterreiser wochenlang für die Veredlungen im Frühjahr am Leben erhalten werden können. Das ist nichts Einmaliges. Denken Sie nur an die Lagerobstsorten, die ebenfalls vom Baum getrennt monatelang aus der eigenen Substanz leben, obwohl sie, anders als ein Trieb, unverholzt sind. In beiden Fällen muß das Lagerklima stimmen: es muß kühl, feucht und dunkel sein! Bei niedrigen Temperaturen kann der Ruhezustand in den Winterreisern ziemlich lange erhalten und dadurch der Austrieb verzögert werden. Die Ausschaltung des Sonnenlichts spielt dabei eine ebenfalls wichtige Rolle. Bei hoher Luftfeuchtigkeit wird die Wasserverdunstung der Reiser herabgesetzt. Das bedeutet, daß das lebenserhaltende Wasser geschont wird. Je günstiger die Lagerbedingungen sind, um so länger können Edelreiser gelagert werden. Wenn Winterreiser im Keller vor dem Veredlungstermin austreiben, sind sie entweder zu spät geschnitten worden, oder es war zu warm im Lager (bzw. beides trifft zu). Sind die Reiser vorzeitig eingetrocknet, war das Kellerklima zu trocken. Da die Reiser nicht mehr verwendbar sind, ist rechtzeitige Ersatzbeschaffung angezeigt.

Schäden an Winterreisern können schließlich dadurch verursacht werden, daß in einem Kellerraum Obst und Edelreiser gemeinsam gelagert werden. Denn das bei der Obstreife freiwerdende Ethylen ist schon in Spuren wirksam: an den Reisern entstehen Rindenrisse, Knospen und Holz sterben ab. Leider sind diese Schäden bei der Auslagerung nicht erkennbar, so daß die Reiser veredelt werden. Es kommt schon nach kurzer Zeit zu einem unerklärlichen Totalausfall als Folge dieses Lagerschadens.

Bedauerlicherweise bieten moderne Keller kaum einmal günstige Voraussetzungen für das Lagern von Winterreisern. Selbst wenn man die Triebe in feuchten Sand einschlägt und das verdunstete Wasser immer wieder ersetzt, bleibt die Luft zu trocken. In geeigneten Kellern beträgt die Luftfeuchtigkeit um 90% und darüber. Die heutigen Keller sind außerdem zu warm.

Wenn Sie dagegen auf dem Land leben, besteht dort sicher noch die Möglichkeit, Reiser in alten kühlen und feuchten Gewölbekellern zweckmäßig zu lagern, beispielsweise in einem mit feuchtem Sand gefüllten Eimer oder durch Ablegen der Reiser auf den feuchten Kellerboden und Bedecken mit feuchtem Moos. Das sind vor allem für Steinobstreiser günstige Lagerbedingungen.

Es gibt eine ganze Reihe weiterer Empfehlungen, wie Winterreiser nach dem Schneiden gelagert werden können. Einige davon möchte ich Ihnen beschreiben:

Die Edelreiser werden auf der Nordseite eines Gebäudes im Boden eingeschlagen, wobei sie etwa bis zu einem Drittel oder bis zur Hälfte ihrer Länge eingegraben und mit reichlich Wasser eingeschlämmt werden. Als Winterschutz dient aufgelegtes Tannenreisig. Das ist eine alte und bewährte Überwinterungsmethode süddeutscher Baumwarte.

Eine andere Empfehlung lautet, man solle im Schatten eines Gebäudes eine Grube ausheben, die etwas länger als die Reiser ist. Die Grube wird mit engmaschigem Drahtgeflecht ausgeschlagen. Dann umfüttert man die auf das Geflecht gelegten Reiser rundum mit feuchtem Torfmull und verhakelt das Drahtgeflecht so ineinander, daß die Reiser vor Mäusen geschützt sind. Abschließend wird die „Miete" mit dem Aushub überdeckt und mit einem Pfahl oder Stab markiert.

Schließlich können Winterreiser im Kühlschrank aufbewahrt werden – falls Sie die Zustimmung der Hausfrau erhalten. Für diese Kühllagerung schneidet man die Reiser in 25 bis 30 cm lange Teilstücke. Sie werden mit feuchtem

Vorsicht mit angetriebenen Steinobst-Winterreisern! Links: intakte „ruhige" Zwetschenreiser. Rechts: angetriebene und darum nicht mehr verwendbare Sauerkirschenreiser.

Moos in eine Plastiktüte gegeben, die zu verschließen ist.

In der Regel funktionieren auch diese Lagermethoden zuverlässig. In Ausnahmefällen aber treiben eingeschlagene Reiser in milden Wintern zu früh aus; in Gruben gelagerte Reiser werden durch Bodentiere beschädigt; die im Kühlschrank deponierten Sprosse vertrocknen oder verschimmeln (die Verwendung eines pilzhemmenden Fungizids ist dort selbstverständlich ausgeschlossen).

Die geringsten Risiken bei der Überwinterung von Edelreisern bieten die Kühllagerräume in Baumschulen. Wenn

Sie langjähriger Kunde eines Baumschulbetriebs sind, können Sie den Baumschuler bitten, ob er nicht Ihre Reiser dort überwintern kann.

Unmittelbar vor dem Veredlungstermin müssen die Winterreiser aus dem Lager geholt und begutachtet werden. Intakt gebliebene Reiser sehen fast so aus, wie sie eingelagert worden sind: straffe, glatte Rinde, nur leicht verdickte Knospen, beim Anschneiden des Triebes saftiges, grünliches Gewebe. Vertrocknete Reiser sind unbrauchbar. Dagegen kann man bei leicht runzliger Rinde den Wassergehalt der Triebe erhöhen, indem sie angeschnitten und einige Stunden ins Wasser gestellt werden.

Bereits angetriebene Reiser, insbesondere Steinobstreiser, sollten nicht veredelt werden. Sie wachsen fast nie an. Im Frühjahr findet nicht nur in den Bäumen, sondern auch in den losgelösten Winterreisern eine Wasserverschiebung statt: in radialer Richtung, d. h. vom Holz zur Rinde und zu den Knospen und außerdem von der Triebbasis zur -spitze hin. Das bedeutet, daß die durch diesen Umschichtungsprozeß bereits wasserärmeren Reisteile nicht mehr in der Lage sind, am Kopulationsschnitt die für eine Verwachsung notwendige Kambiumaktivität in Gang zu bringen. Die Steinobstreiser sind in dieser Hinsicht besonders gefährdet. Bei dennoch durchgeführten Pfropfungen entwickeln sich die ausgetriebenen Knospen auch einige Zeit weiter, doch nur so lange, bis der Rest des Wassers und der Reservestoffe verbraucht ist.

Auch bei Winterreisern gilt der Grundsatz, daß der basisnahe Triebteil und die schwächere Spitzenzone für den Zuschnitt von Pfropfreisern nicht genutzt werden. Im mittleren Drittel von Langtrieben sind besonders gut entwickelte Knospen vorhanden. Nur bei Süßkirschenreisern werden die recht kräftigen und gut ausgebildeten Triebspitzen z. B. zur Erziehung spindelartiger Bäume verwendet, weil sich aus den Knospen unterhalb der Endknospe bei vielen Sorten erwünschte waagrecht gerichtete Triebe entwickeln.

Am Veredlungstermin sollten die Reiser in ein feuchtes Tuch eingehüllt oder in einem mit etwas Wasser gefüllten Eimer mitgeführt werden. Am Veredlungsort legt man sie im Schatten ab; dort findet auch der Reiserzuschnitt statt.

Wenn Sie einen größeren Obstbaum umpfropfen wollen, können je Arbeitsabschnitt durchaus 10 Reiser zugeschnitten und verarbeitet werden, ohne daß befürchtet werden muß, die zuletzt benutzten Reiser könnten Schaden erleiden. Es ist nur wichtig, daß die vorbereiteten Edelreiser in eine trockene Plastiktüte gesteckt werden, wo sie vor allem vor Verschmutzung geschützt sind.

Bestimmte Birnensorten gedeihen nicht auf Quittenunterlage

Es sind verschiedene Gründe, die den Baumschuler veranlassen, zwischen die Unterlage und die zum Fruchten bestimmte Sorte einen dritten Partner durch Veredlung dazwischenzuschalten. Eine Notwendigkeit ist bereits bei den Birnenunterlagen beschrieben worden: die Unverträglichkeit bestimmter Birnensorten mit der Quittenunterlage. Sie macht es erforderlich, daß eine mit Quitte verträgliche Birnensorte zwischenveredelt werden muß. Derartige Unverträglichkeiten kommen außerdem

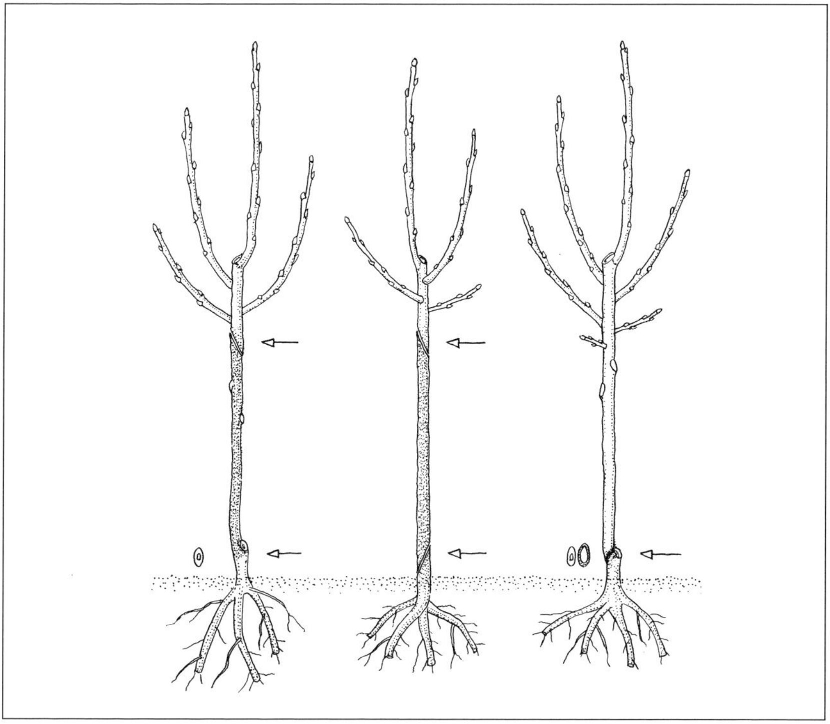

Es gibt 3 Möglichkeiten, bei mit Quitte unverträglichen Birnensorten eine verträgliche Sorte dazwischenzuschalten. Von links nach rechts:
1. Okulation der Quittenunterlage in Bodennähe mit einer quitteverträglichen Birnensorte; Kopulation der Fruchtsorte in Kronenhöhe auf die Zwischenveredlungssorte.
2. Einen entsprechend langen Trieb der Zwischenveredlungssorte mit dem Edelreis der Fruchtsorte kopulieren; diese beiden bereits vereinigten Partner in Bodennähe auf die Quittenunterlage kopulieren (Doppel-Kopulation).
3. Doppelschildokulation (Nicolieren) in Bodennähe. Dabei wird eine Zwischenscheibe aus einer mit Quitte verträglichen Birnensorte ausgeschnitten und beim Okulieren zwischen die unverträglichen Partner geschoben.

nicht selten bei der Obstart Pflaume vor. Wer die Unterlagen für Pflaumen, Zwetschen, Mirabellen und Renekloden aufmerksam durchgelesen hat, dem sind diesbezügliche Hinweise nicht entgangen. Dort fallen immer wieder „Problemsorten" auf, wie 'Oullins Reneklode', 'The Czar' und einige Frühzwetschensorten. Auch in diesen Fällen könnte Unverträglichkeit durch Zwischenveredlung ausgeschaltet werden. Doch ist dies nicht üblich. Die heikle Sorte wird eben mit einer anderen, verträglichen Unterlage kombiniert.

Am Beispiel einer mit der Quittenunterlage unverträglichen Birnensorte soll gezeigt werden, wie Unverträglichkeit bei der Anzucht niederstämmiger Baumformen technisch gelöst werden kann:

1. Die Quittenunterlage wird mit einer quitteverträglichen Birnensorte (z. B. 'Gellert') okuliert. Auf den gewachsenen 'Gellert'-Trieb wird in Kronenhöhe ein Reis der Fruchtsorte 'Williams' kopuliert: für Formobstbäume in 40 cm Höhe; für Spindeln und Buschbäume in 40 bis 60 cm Höhe.
2. Die Quittenunterlage kopuliert man mit einer verträglichen Birnensorte, auf die unmittelbar zuvor die Fruchtsorte kopuliert wurde. Durch diese Doppelkopulation verkürzt sich die Anzuchtzeit um ein Jahr.
3. Zwischen die beiden unverträglichen Partner wird ebenfalls in einem Arbeitsgang eine nur dünne Zwischenscheibe einer verträglichen Sorte geschoben. Diese Doppelschildokulation wird nach ihrem Erfinder, dem Baumschuler Nicolin, als Nicolieren bezeichnet. Auch dieses Veredlungsverfahren verkürzt die Anzuchtzeit: nicolierte Zwischenveredlungen sind gleichzeitig mit den Direktveredlungen fertig.

Gelegentlich ist ein Stamm- oder Gerüstbildner von Vorteil

Der Baumschuler sieht sich vor allem aus ökonomischen Gründen in weiteren Fällen gezwungen, Zwischenveredlungen durchzuführen: wenn Sorten bei der Anzucht von Hochstämmen zu dünne oder krumme Stämme bilden oder wenn deren Längenwachstum zu gering ist, so daß die Anzucht 1 oder gar 2 Jahre länger beanspruchen würde. In solchen Fällen werden die Unterlagen in Bodennähe mit einer kräftig und gerade wachsenden Stammbildnersorte und diese dann in Kronenhöhe mit der Fruchtsorte veredelt.

Im Gegensatz zum Baumschuler sind diese wirtschaftlich bedingten Zwischenveredelungen für den Hobbygärtner nicht von Bedeutung. Für ihn ist es keine existentielle Frage, ob die Anzucht eines Obstbaumes 1 oder 2 Jahre länger dauert. Dennoch kann es auch für den Hobbygärtner gelegentlich von Vorteil sein, einen Stamm- oder Gerüstbildner zu verwenden.

Nehmen wir einmal an, auf Ihrem Grundstück steht ein alter, nun leider abgängiger Apfelhochstamm der Sorte 'Champagner Renette'. Da Sie die Sorte als einfach zu lagernden Winterapfel schätzen und außerdem von den besonderen Vorzügen dieses Baumes überzeugt sind, soll dieses besondere Einzelstück durch Veredlung eines Jungbaumes erhalten werden. Weil aber der abgängige Baum so gut wie keinen Jahrestrieb mehr macht, haben Sie bereits im vergangenen Spätwinter das vollzogen, was für diesen Fall bereits auf Seite 32 empfohlen wurde: einen senkrecht stehenden Ast auf einen 30 bis 40 cm langen Stummel zurückgesägt. Die sich aus diesem Stumpf während der Vegetationsperiode entwickelnden Triebe werden im Dezember weggeschnitten und bis zur Veredlung im folgenden Frühjahr gelagert.

Für die Pflanzung im Spätherbst (Oktober bis November) sollte rechtzeitig ein Stammbildner in einer Baumschule bestellt werden. Als solche gelten heute hauptsächlich 'Jakob Fischer' und 'Hibernal'. Gelegentlich werden auch noch früher übliche Stammbildnersorten angeboten.

Der aus der Baumschule bezogene Stammbildner sollte noch im Spätherbst an seinem obstbaulichen Standort gepflanzt und kräftig eingeschlämmt werden. Ein Pflanzschnitt unterbleibt; allenfalls wird der Konkurrenztrieb entfernt.

Ab Februar kann bei frostfreiem Wetter kopuliert werden. Dabei können Sie die Edelsorte sowohl auf den Stamm von 'Jakob Fischer' als auch auf dessen Kronentriebe veredeln. Der technische Ablauf wird auf Seite 72 beschrieben.

Auch in diesem Fall handelt es sich um eine Doppelveredlung. Die erste Veredlung wurde in der Obstbaumschule ausgeführt: Auf einer Sämlingsunterlage ist in Bodennähe eine Stammbildnersorte okuliert oder kopuliert worden. Die zweite Veredlung haben Sie am obstbaulichen Standort vorgenommen, entweder auf den Stamm oder ins Gerüst.

Derartige Stamm- und Gerüstbildner sind in früheren Jahren im süddeutschen Raum vor allem zur Verbesserung hochstämmiger Obstbaumbestände gegen Holzfrost empfohlen worden. Außerdem sollten schwachwachsende Sorten, wie 'Goldparmäne', 'Champagner Renette' und 'Oldenburg' ebenfalls auf Stammbildner gepfropft werden, um deren Lebenskraft zu verbessern und das Lebensalter zu erhöhen. Bei Verwendung schwächer wachsender Stammbildner erhoffte man sich bei starkwüchsigen Sorten einen früheren Ertragsbeginn und kleinere Kronen.

In der folgenden stichwortartigen Übersicht werden die heute gebräuchlichen Stammbildnersorten beschrieben.

Stamm- und Gerüstbildner beim Apfel

'Jakob Fischer'. Starkwachsende Sorte aus Süddeutschland, die große Kronen bildet; Erträge mittelhoch; frosthart. Die gesunde und wohlschmeckende Sorte (Genußreife September bis Oktober) ist im Liebhaberobstanbau Süddeutschlands ein geschätzter Herbstapfel.

'Hibernal'. Schwachwachsend; Kronenausdehnung aufgepfropfter Sorten nur mittel, darum für niedrigere Baumformen (bis Halbstamm) bzw. für Hochstamm mit starkwachsenden und spättragenden Sorten (z. B. 'Boskoop' oder 'Kaiser Wilhelm') geeignet; frosthart und verträglich; gegen Kragenfäule leider nicht resistent.

'Maunzenapfel'. Bei kragenfäuleanfälligen Sorten-Unterlagen-Kombinationen als resistente Zwischenveredlung interessant; Sortenbeeinflussung unterschiedlich; starkwüchsig; nur mittelhohe Erträge; Frosthärte nicht immer ausreichend.

Stamm- und Gerüstbildner bei Birne

'Gellerts Butterbirne'. Häufig verwendete Sorte für Zwischenveredlungen einschließlich Stamm- und Gerüstbildner bei Hochstämmen; kräftiger Wuchs; Ertragsbeeinflussung unterschiedlich, bei verschiedenen wichtigen Sorten, wie 'Lucas', 'Conference', 'Vereinsdechantsbirne', nur mittelmäßig; Holzfrosthärte gut.

'Augustbirne'. Unterschiedliche Wuchsbeeinflussung bei den aufgepfropften Sorten; allgemein günstige Beeinflussung beim Ertragsverhalten (hohe Ernten); frosthart.

'Schraderhof'. Den veredelten Sorten kräftigen Wuchs vermittelnd; gut verträglich; muß bei der Anzucht kaum aufgeputzt werden, da Seitentriebbildung nur schwach ausgeprägt ist.

'Bertrams Stammbildner'. Frostharte, nur mittelstark wachsende Sorte, darum für kürzere Stämme geeignet; Ertragsverhalten unterschiedlich: gute Ergebnisse mit 'Alexander Lucas' und 'Madame Verte', weniger gute mit 'Gräfin von Paris'. Unverträglichkeit mit 'Quitte A' ist möglich.

Stammbildner bei Quitten
Bei Quitte gibt es z.Z. keine Stammbildner. Lesen Sie dazu bitte die Ausführungen auf Seite 27.

Stamm- und Gerüstbildner bei Süßkirsche
Bei Kirschen ist die Verwendung von Stamm- und Gerüstbildnern unüblich. Der Stamm wird entweder von der am Boden veredelten Fruchtsorte oder der hochgezogenen Unterlage (Vogelkirsche; F 12/1) gebildet. Bei den hochgezogenen Unterlagen kann die Sorte in Kronenhöhe auf den Stamm oder in die Krone auf die jungen Gerüsttriebe kopuliert werden.

Pflaumen-Stammbildner
Bei Pflaume, Zwetsche, Mirabelle und Reneklode gibt es keine Stammbildnersorten. In der Baumschule werden die Fruchtsorten überwiegend am Boden okuliert. Manchmal wird auch eine Unterlage, wie z.B. 'Brompton', hochgezogen und in Kronenhöhe okuliert.

Okulationen oder Augenveredlungen

Das Übertragen eines Edelauges auf eine Unterlage ist das gebräuchlichste Veredlungsverfahren in Baumschulen. Es ist eine verwachsungssichere, triebwuchsfördernde und reisersparende Methode, die zudem hohe Veredlungsleistungen ermöglicht. Akkordveredler okulieren bis zu 300 Augen pro Stunde.

Was für den Baumschuler nichts als handwerkliche Fertigkeit bedeutet, ist für den Hobbyveredler aufregend zu beobachten: die Verwachsung der Veredlungspartner nach dem Veredeln und die Entwicklung eines neuen Baumes. Dabei beginnt beim Okulieren alles mit einem kleinen Auge, das in eine zugeschnittene Tasche der Unterlage gesteckt wird. Doch dieses kleine Organ hat es in sich. Es ist vollgepackt mit Programmen zur Verwirklichung einmaliger Eigenschaften einer Sorte: für die Kronenentwicklung; für die Ausbildung von Holz und Rinde, Blatt, Blüte und Frucht; für die Ausprägung von Stärken (z.B. Schorfresistenz) oder Schwächen (z.B. Blutlausanfälligkeit). Aufgrund dieser speziellen Merkmale kann ein Fachmann zu jeder Zeit den veredelten Obstbaum bestimmen. Es ist schon eine reizvolle Erfahrung, den Charakter einer Sorte in den Stadien Jugend, Hauptertrag, Alter und Abgang kennenzulernen.

Okulationen können immer nur dann ausgeführt werden, wenn sich die Rinde von Unterlage und Edelreis lösen läßt. Das ist nur während der Vegetationsperiode zu bestimmten Zeiten der Fall: Ende Mai bis Anfang Juni (Okulationen auf „treibendes" Auge) und von Ende Juni bis Anfang September (Okulationen auf „schlafendes" Auge). Die frühe Okulation wird bei einigen wenigen Laubgehölzarten, wie Birken oder Eschenahorn *(Acer negundo)* angewendet. Aus den eingesetzten Augen sollen sich schon bald Triebe bilden. Für den Hobbyveredler ist dieser Termin bedeutungslos. Viel wichtiger sind für ihn (und den Baumschuler) die Sommermonate. Denn nun müssen Rosen, Obst- und Ziergehölze (z.B. Flieder) okuliert werden. Die während dieses Zeitabschnittes ausgeführten Okulationen auf „schlafendes" Auge sollen aber erst im folgenden Frühjahr austreiben.

Die Okulation auf das „schlafende" Auge

Es ist nicht möglich, von Ende Juni bis Anfang September nach Belieben zu „äugeln". Man muß wissen, daß manche Unterlagen schon früh nicht mehr lösen (z. B. vegetativ vermehrte Pflaumenunterlagen). Bei anderen Unterlagen, wie M 26 oder *Prunus mahaleb*, würde bei früher Veredlung das Auge abgeschoben; sie müssen deshalb spät okuliert werden. Bei Rosen führen zu frühe Veredlungen zu unerwünschtem Austrieb der Augen. Neben der Rindenlösbarkeit der Unterlage und des Reises ist auf die Ausreife der Augen zu achten. Die Baumschuler haben aufgrund langjähriger Erfahrungen Okulationspläne erstellt. Nach einem solchen Plan des Baumschulers und Baumschullehrers Beltz ist bei Okulationen untenstehende Reihenfolge einzuhalten.

Wenn Sie nicht sicher sind, wann der richtige Okulationszeitpunkt für eine bestimmte Gehölzart gekommen sein wird, kann Ihnen ein Baumschuler sicher weiterhelfen. Es ist nur wichtig, daß Sie ihn rechtzeitig fragen.

Vorbereitungen. Etwa 10 bis 14 Tage vor dem Okulieren sollten alle Seitentriebe (Wildtriebe) an der Unterlage im

Okulationsplan von Ende Juni bis Anfang September

1.	Rosensorten	mit vorgetriebenen Edelreisern aus dem Gewächshaus auf kräftige Freilandunterlagen
2.	Fliedersorten	auf *Syringa vulgaris*-Sämlinge
3.	Rosensorten	auf ihre Unterlagte, zuerst meist *Rosa laxa*
	Pflaumensorten	auf Brompton und andere vegetativ vermehrte Unterlagen
	Kirschsorten	auf F 12/1 und andere vegetativ vermehrte Kirschenunterlagen
	Pflaumen und Kirschen	auf ihre Sämlingsunterlagen
	Apfelsorten	auf ihre vegetativ vermehrten M-Typen, MM-Typen und A 2
	Birnensorten	auf Quitte A
	Ziergehölze	auf deren Unterlagen
4.	Apfelsorten	auf Apfelsämlinge
	Birnensorten	auf Birnensämlinge
	Rosensorten	auf *Rosa multiflora*
5.	Pfirsichsorten	auf Pfirsichsämlinge
	Sauerkirschsorten	auf *Prunus mahaleb*-Sämlinge

Okulationen im Baumschulquartier.

Bereich der Veredlungsstelle mit dem Messer sauber weggeschnitten werden. In der Fachsprache heißt diese Maßnahme „Freistellen".

Zu den vorbereitenden Arbeiten zählt außerdem ein mehrmaliges flaches Hakken, weil dadurch das Lösen der Unterlagenrinde gefördert wird. Das ist bei trockener Witterung besonders wichtig. Unmittelbar vor dem Okulieren müssen die Veredlungsstellen mit einem weichen Lappen abgerieben werden, damit die Taschen nicht verschmutzen. Bei Okulationen in Kronenhöhe ist dies nicht erforderlich.

Wenn Sie von einem Baumschuler virusfreie oder virusgetestete Reiser oder Reiserteilstücke mit den benötigten Augen bekommen können, ist dies in der Regel ein hervorragendes Ausgangsmaterial, das seinen Preis wert ist. Wer jedoch selbst Reiser zum Okulieren schneiden will, muß Verschiedenes beachten: Es sollten nur gut belichtete und kräftige diesjährige Triebe aus der Kronenperipherie ausgewählt werden. Außerdem ist zu prüfen, ob die Sommerreiser die zum Okulieren notwendige Reife erreicht haben. Diese vorbereitenden Arbeiten einschließlich der Entblätterung sind bereits ausführlich bei der Behandlung der Sommerreiser auf Seite 34 beschrieben worden.

Okulationen verwachsen am besten während einer sonnig-warmen Wetterperiode! Bevor nun der Augenschnitt beschrieben wird, müssen Sie Ihr Okuliermesser abziehen (siehe Seite 118).

Der Augenschnitt. Zwar ist das Auge bei der Okulation das entscheidende Organ, doch bedarf es zum Verwachsen zusätzlich eines kleinen Ausschnittes aus dem Reis. Mit diesem als Schildchen oder Augenschild bezeichneten flachen Ausschnitt wurde der Kambiumzylinder des Reises angeschnitten. Das bedeutet, daß auf der Schildinnenseite Kambium für das Verwachsen freigelegt worden ist: entweder als schmales elliptisches Band oder als Fläche, wenn der Holzspan herausgelöst wurde.

Rechtshänder nehmen das Edelreis in die linke Hand, und zwar so, daß die Reisspitze zum Körper gerichtet ist. Von der Reisspitze zur Reisbasis wird nun Auge um Auge geschnitten. Dazu setzt man das Okuliermesser etwa 1 bis 1,5 cm unter dem Auge an. Dann wird mit einem behutsam ziehenden Schnitt das Auge flach unterschnitten. Wenn sich die Schneide des Messers etwa 1 bis 1,5 cm oberhalb des Auges befindet,

Augenschnitt aus einem Sommerreis.

Ein stärkerer Holzspan muß gegen den Schnitt vorsichtig vom Augenschild gelöst werden.

muß der Daumen der Schnitthand das Schildchen gegen die Klinge drücken. Alsdann werden Messer samt Schild schräg nach oben zum Körper hin weggezogen.

Das ausgeschnittene Augenschild sollte nun in die linke Hand genommen werden, wobei 2 Finger den Blattstielstummel festhalten. Anschließend müssen Sie die Qualität jedes einzelnen Schnittes beurteilen. Ist der ausgeschnittene Holzspan sehr flach, kann das Augenschild gleich in die Unterlagentasche eingesetzt werden. Wenn jedoch das ausgeschnittene Holz dicker ist, so muß es mit Daumen und Zeigefinger der rechten Hand gegen den Schnitt herausgelöst werden. Dies sollte vorsichtig geschehen, damit das Auge nicht von innen her verletzt wird. Ein stärkerer Holzspan würde die Verwachsung verhindern, weil das Kambium des Schildchens auf der Rundung des Unterlagenholzes keinen Kambiumkontakt bekäme. Ohne Holz auszulösen geht es nicht z. B. bei Reisern der Aprikose oder bei bestimmten Birnensorten, weil deren Augen auf konsolähnlichen Holzsockeln sitzen.

Obst- und Ziergehölze werden etwa 10 cm über der Bodenoberfläche okuliert; bei Rosen erfolgt dies in den Wurzelhals. Um das Kambium der Unterlage für das Augenschild freizulegen, fertigt man einen T-Schnitt: zuerst einen etwa 1 cm langen Querschnitt und dann von unten nach oben einen 2,5 bis 3 cm langen Längsschnitt. Sobald dieser Längsschnitt den Querschnitt erreicht hat, sollten Sie versuchen, die beiden Rindenflügel mit der Messerklinge anzuheben. Dabei darf die Kambiumschicht auf dem Holz nicht zerkratzt werden. Wenn dies nicht gelingt, können Sie mit dem am Okuliermesser befindlichen

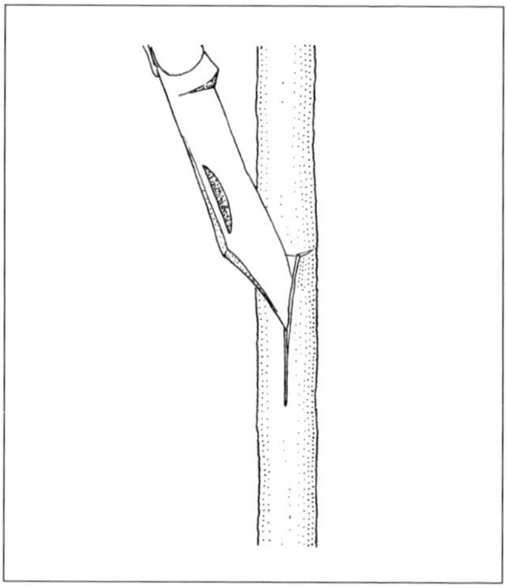

Bei guter Löslichkeit können die beiden Rindenflügel mit der Messerklinge vom Holz der Unterlage angehoben werden.

Löser nachhelfen. Läßt sich die Rinde auch damit nicht sauber vom Holz abheben, ist der Okulationstermin falsch gewählt.

Durch die beiden angehobenen Rindenflügel ist eine Tasche entstanden, in die das Augenschild bis zum Taschengrund eingeschoben wird. Sollte dies mit den Fingern allein nicht klappen, so setzt man den Löser oder den Klingenrücken unmittelbar über dem Auge an und schiebt das Schild tiefer in die Tasche. Wenn der Schildchenzuschnitt und der T-Schnitt einander in der Länge entsprechen, sitzt das Auge etwa in der Mitte der Tasche. Vor dem Verbinden wird die überstehende Rinde am Querschnitt abgetrennt.

Augen mit einem Blattstielstummel von ungefähr 1 cm können mit zugeschnittenem Bast (40 cm × 8 mm) oder mit Gummifäden von oben nach unten verbunden werden. Dabei drückt der Daumen der linken Hand den Anfang des Bast- oder Gummifadens gegen den Querschnitt. Der Bastverband beginnt mit 2 aufeinander gebundenen Bahnen; bei Gummifäden genügt eine Bindung. Im Uhrzeigersinn abwärts sollten mindestens 4 Bahnen folgen, bevor die letzte Bahn (über den linken Finger gespannt) beim Bastverband mit einer doppelten, beim Gummifaden mit einer einfachen Schlaufe versehen und angespannt wird. Das Auge und der Blattstielstummel müssen freibleiben. Okulationen werden nur in Ausnahmefällen verstrichen.

Bei einer ersten Kontrolle nach etwa 3 Wochen ist erkennbar, ob die Augen angewachsen sind: Die Blattstielstummel fallen bei nur leichter Berührung ab. Am Blattstielgrund hat sich eine Korkschicht zur Abtrennung des Reststiels gebildet. Dies ist ein sicheres Zeichen dafür, daß das Augenschild mit der Unterlage verwachsen ist. Sind dagegen Augen von Unterlagen nicht angenommen worden, vertrocknen die Stielstummel, ohne abzufallen.

Für Okulationsausfälle gibt es verschiedene, nicht immer eindeutig zu klärende Ursachen. Einen Schaden an den Veredlungsstellen kann man jedoch sicher zuordnen: Wenn rötliche Larven dort das Gewebe zerstören, handelt es sich um einen Schaden der Okuliermade. Diese aus der Eiablage einer Gallmücke *(Thomasiniana oculiperda)* entwickelten Larven befallen Obst- und Rosenokulationen. Wenn die Rinde der Unterlage noch löst, können Sie nach unten versetzt nachokulieren. Um einen erneuten Befall durch diesen Schädling zu verhindern, wird empfohlen, bodennahe Veredlungen unmittelbar nach dem Einsetzen der Augen für etwa 3 Wochen anzuhäufeln. Den Larven könnte außerdem der Zugang zu den Veredlungsstellen verwehrt werden, indem man mit Gummifäden „auf Stoß" verbindet oder Okulations-Schnellverschlüsse verwendet.

Sobald die Verbände aus Bast oder Gummifäden die Rinde im Bereich der Veredlungsstellen einschnüren, müssen sie auf der Rückseite der Okulation mit einem scharfen Messer flach durchgeschnitten werden. Meistens löst sich der Verband schon, wenn der Endknoten durchgetrennt wird. Bei starkwachsenden Unterlagen, wie z. B. Myrobalane, kann dieses Lösen bereits nach 3 Wochen notwendig sein.

Für Okulations-Schnellverschlüsse (= OSV oder „Okulette") können dagegen nur Augen mit kurz geschnittenen Blattstielen verwendet werden. Die Gummimanschette wird etwa in der Mitte ihrer Länge auf das Auge gelegt und dann

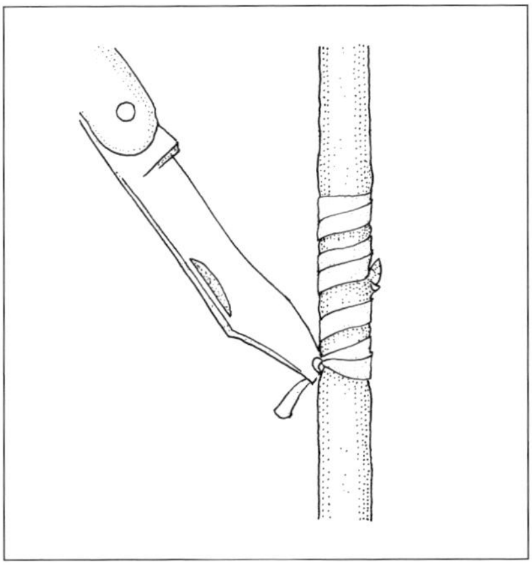

Einschneidende Verbände aus Bast oder Gummifäden mit einem scharfen Messer auf der Rückseite der Okulation flach durchschneiden. Oft genügt es, wenn der Endknoten durchgetrennt wird.

In die Unterlage eingesetztes Auge mit einer „Okulette" überspannt.

nach hinten gespannt. Dort wird sie befestigt, indem der U-förmig gebogene Draht, der auf einer Seite bereits in das Gummiplättchen eingeführt ist, einfach in die andere Seite gedrückt wird. Für ein gleichmäßiges Verwachsen der Partner ist es schon beim Anlegen wichtig, daß die Okulette keine Falten wirft. Kleine Falten lassen sich durch Auseinanderbiegen der beiden Drahtenden nach dem Durchstechen korrigieren.

Mit dieser Gummimanschette werden besonders gute Anwachsergebnisse bei Okulationen erzielt. Okuletten müssen nicht gelöst werden; sie lösen sich unter Einwirkung des ultravioletten Lichts auf und fallen dann ab.

Höherveredlungen beim Baum- und Beerenobst. Okulationen werden nicht nur in Bodennähe ausgeführt, sondern aus verschiedenen Gründen auch darüber. In der untenstehenden Übersicht werden dazu die entsprechenden Erläuterungen gegeben.

Besonderheiten vor und beim Okulieren von Gartenrosen

Es ist für den Hobbyveredler empfehlenswert, sich für Rosenveredlungen geeignete und bewährte Unterlagen zu

Okulationshöhen	Beabsichtigter Zweck
25 bis 30 cm	Zur zusätzlichen Wuchsbremsung bei starkwachsenden Apfelsorten auf schwachwachsenden Unterlagen. Beispiele: 'Cox' und 'Jonagold' auf M 9 = 25 cm; 'Roter Boskoop', 'Berlepsch' und 'Gloster' auf M 9 = 30 cm.
30 bis 50 cm	Zur Ausschaltung der Kragenfäule *(Phytophthora cactorum)* werden Unterlagen höher okuliert: bei M 9 in 30 cm und bei M 7, M 2 und M 4 in 50 cm Höhe. Die Zwischenveredlungssorte 'Maunzen' wird in 50 bis 60 cm Höhe mit einer Fruchtsorte okuliert.
40 bis 50 cm	Zur Herstellung von Beerenobststämmen können die *Ribes*-Unterlagen okuliert werden: Fußstämme in 40 bis 50 cm, Hochstämme in 80 bis 90 cm Höhe.
40 bis 60 cm 80 bis 100 cm 100 bis 120 cm	Bei Sauerkirsche, Pfirsich und Aprikose können Augen in Kronenhöhe in die Unterlagen eingesetzt werden. Bei Stammhöhen zwischen 40 und 60 cm entstehen Buschbäume, bei 80 bis 100 cm Niederstämme (Sauerkirsche und Aprikose) und bei 100 bis 120 cm Halbstämme (Aprikose).
160 bis 180 cm	Gelegentlich werden Süßkirschen-Hochstämme aus Okulationen in Kronenhöhe erzogen.
Okulationen in Kronen	Wenn Umveredlungen bei Aprikosen- und Pfirsichbäumen ausgeführt werden sollen, sind Rindenpfropfungen mit Reisern wenig erfolgreich. Es ist besser, in junge Triebe Ende Juli bis Anfang August jeweils 2 Augen einzusetzen. In dieser Art können auch Pflaumen und Zwetschen umveredelt werden.

besorgen. Einige wichtige Veredlungsunterlagen sind auf Seite 30 beschrieben. Über deren Rückschnitt und Überwinterung lesen Sie bitte auf Seite 31.

Buschrosen. Die bezogenen und überwinterten Rosenunterlagen sollten möglichst früh, schon im Februar oder März, in einen mit Humus angereicherten, zuvor tief bearbeiteten Boden gepflanzt werden. Dabei ist, wie auch beim späteren Pflanzen der veredelten Rosenbüsche, darauf zu achten, daß die Wurzeln senkrecht in den Boden gelangen. Vom Wurzelhals der Unterlage sollten etwa 3 cm über der Bodenoberfläche sichtbar sein. Nach dem Pflanzen muß der Boden gelockert und die Unterlagen angehäufelt werden.

Der Rosenliebhaber veredelt seine Unterlagen in der Regel mit Augen von ausgereiften diesjährigen Trieben, die an Freilandrosen gewachsen sind.

Zur Feststellung des Reifezustandes von Rosenreisern geben erfahrene Praktiker beachtenswerte Hinweise. Die Augen an Rosenreisern sind demnach reif, wenn sich die Stacheln durch seitlichen Druck von der Rinde ablösen lassen, ohne diese zu verletzen. Ein anderes Kennzeichen für reife Augen sei der Blütezustand: Wenn bei großblumigen Beetrosen die Rose am verblühen ist oder bei den büschelartig blühenden Arten die Blütenblätter zu einem Drittel abgefallen sind, kann okuliert werden. Bei Kletterrosen sind die Augen reif für das Veredeln, wenn die Sprosse beim Abknicken brechen.

Am Veredlungstag müssen die Wurzelhälse vorsichtig mit einer Hacke freigelegt werden. Die Veredlungsstellen reinigt man unmittelbar vor dem Okulieren mit einem trockenen Lappen, damit die durch den T-Schnitt entstandene Tasche nicht verschmutzt.

Zum Veredeln reife Reiser müssen mit der Schere oder einem Messer entblättert werden; die Stacheln drücken Sie einfach seitlich weg. Speziell bei Rosenokulationen sind die Schildchen im Laufe der Zeit immer kleiner geworden, ohne daß sich die Anwachsergebnisse verschlechtert haben. Zum Überspannen der eingesetzten Augen gibt es besondere Okulations-Schnellverschlüsse: einen für Okulationen üblicher Unterlagenstärken und einen zweiten für starke Buschrosen und Hochstammrosen. Für letztere kann man auch Gummifäden verwenden. Unmittelbar nach dem Okulieren müssen die Unterlagen angehäufelt werden, damit die Augen gut anwachsen und außerdem nicht austreiben. Nach 2 bis 3 Wochen wird abgehäufelt, um die Augen abzuhärten. Zum Winterschutz ist ein erneutes Anhäufeln im November unumgänglich.

Hochstammrosen. In Baumschulen werden Halbstämme mit 60 cm, Hochstämme mit 90 cm und Hängerosenstämme (Trauerstämme) mit 140 cm Stammhöhe angeboten. Als Unterlagen werden vor allem *Rosa canina* 'Pfänder' und *Rosa canina* 'Pollmer' (oder 'Pollmeriana') verwendet. Diese mehrjährigen Unterlagen mit dem einjährigen Wildstamm sind nach verschiedenen Längen sortiert, von 80 cm bis 200 cm.

Für Halbstämme sind Wildstämme von 80 bis 120 cm, für Hochstämme von 120 bis 160 cm und für Hängerosenstämme von 160 bis 200 cm zweckmäßig. Für Stammrosen werden Augen von Teehybridrosensorten und für Hängeformen von Kletterrosensorten verwendet.

Der Stolz eines jeden Gartenliebhabers: Rosen.

Aus dem Wildstamm entwickeln sich ab Mai immer neu Seitentriebe, vor allem an Basis-Schnittstellen, die entfernt werden müssen. Dieses „Räubern" oder „Entwildern" können Sie bei jungen Sprößlingen durch Ausbrechen, bei älteren durch Wegschnitt mit dem Messer besorgen.

Stämme sollten früh veredelt werden (etwa Anfang bis Mitte August), weil sie früher als Buschrosen mit dem Wachstum und der Rindenlöslichkeit abschließen. Beim Okulieren werden in Kronenhöhe 2 einander gegenüberliegende, um etwa 3 cm in der Höhe versetzte Augen in den Wildstamm eingesetzt. Zum Verbinden eignen sich Okulations-Schnellverschlüsse für Stammrosen, Gummifäden oder Bast.

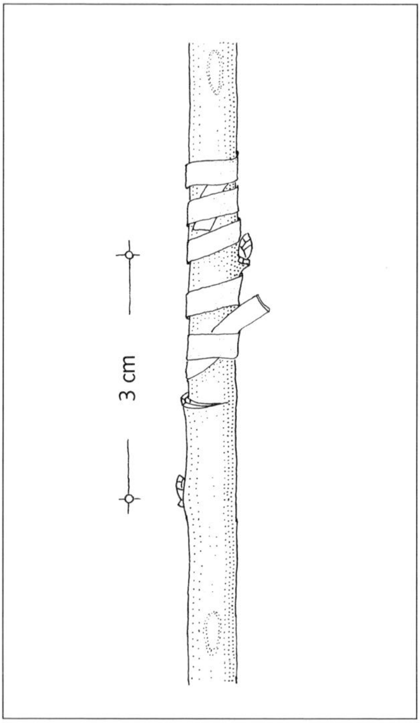

Doppelokulation bei der Anzucht von Rosenstämmen: In Kronenhöhe 2 einander gegenüberliegende und in der Höhe um etwa 3 cm versetzte T-Schnitte in die einjährigen Wildtriebe fertigen und je ein Auge einsetzen.

Das Nicolieren (Doppelschildokulation)

In den Kapiteln über Unverträglichkeit und über die Birnenunterlagen ist die Einschaltung von Zwischenveredlungssorten zur Überwindung von Unverträglichkeit bei bestimmten Birne-Quitte-Kombinationen erwähnt worden. Wie der Baumschuler dieses Problem technisch lösen kann, ist auf Seite 39 zeichnerisch dargestellt. Es bedarf noch der genaueren Beschreibung einer verblüffenden Okulationsmethode.

Eine für solche Fälle besonders interessante Lösung ist die von Baumschuler Nicolin entwickelte Doppelschildokulation, die auch als Nicolieren bezeichnet wird. Anstelle von stammbildenden Zwischenveredlungen reduziert sich bei dieser Okulationsmethode der Anteil der mit der Unterlage verträglichen Sorte auf eine dünne Scheibe zwischen den beiden Pfropfpartnern. Das Auge der Edelsorte und eine Scheibe der Zwischenveredlungssorte werden beim Nicolieren in einem Arbeitsgang in die Unterlagentasche geschoben und mit einer Okulette überspannt. Diese dünne Scheibe reicht aus, die Unverträglichkeit zu überwinden.

Im einzelnen ist der Arbeitsablauf dabei wie folgt:
Aus dem Reis der Zwischenveredlungssorte (z.B. 'Gellert') wird ein Augenschild zu einem zuvor gefertigten Querschnitt oberhalb des Auges ausgeführt. Das ausgeschnittene Augenschild wird nicht

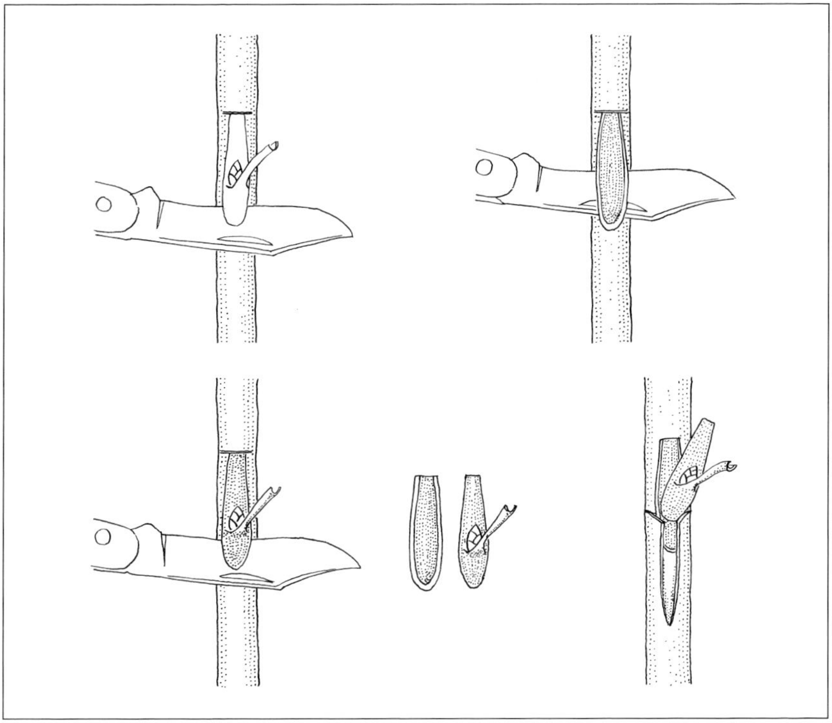

Nicolieren oder Doppelschildokulation. Oben links: Aus dem Reis der Zwischenveredlungssorte ein Augenschild zu einem oberhalb des Auges zuvor gefertigten Querschnitt ausschneiden (dieses Auge wird nicht benötigt). Oben rechts: Zur Überwindung der Unverträglichkeit reicht eine 1 bis 2 mm starke Scheibe der Zwischenveredlungssorte. Unten links: Aus dem Reis der Fruchtsorte ein Augenschild zu einem zuvor angebrachten Querschnitt ausschneiden. Unten rechts: In die Tasche der Unterlage die Zwischenscheibe und das Augenschild einschieben und verbinden.

benötigt. Aus diesem Reisanschnitt muß nun mit dem Okuliermesser eine 1 bis 1,5 mm dicke Scheibe flach ausgeschnitten werden.

Diese Veredlungszwischenscheibe schiebt man in die Tasche der Unterlage ein, die durch einen T-Schnitt und durch Anheben der Rinde entstanden ist. Schneiden Sie aus dem Edelreis auf dieselbe Art ein Augenschild aus, das sich nach dem Einschieben gut mit der Zwischenscheibe deckt.

Daß sich mit diesem flachen zweiten Schild nicht nur die Unverträglichkeit ausschalten läßt, sondern zudem Ertragsverbesserungen erreicht werden können, ist bei der Sorte 'Conference' auf 'Quitte A' mit zwischengeschalteter Nicolierscheibe 'Pastorenbirne' nachgewiesen worden.

Die Spanokulation (Chip budding)
Bei dieser, in neuerer Zeit wieder häufiger bevorzugten Veredlungsmethode wird ebenfalls ein Auge auf eine Unterlage übertragen. Dieses Auge ist nicht wie beim gewöhnlichen Okulieren mit einem flachen Schild aus dem Edelreis zu schneiden, sondern mit einem keilförmigen Holzspan. Diese Veränderung des Augenausschnittes ist deshalb notwendig, weil der Augenspan in einen entsprechenden Ausschnitt der Unterlage eingepaßt und nicht hinter die Rinde geschoben wird. Dazu ist eine gewisse Stabilität des Spans erforderlich. Bezeichnenderweise verwendet man für den Zuschnitt des Augenspans und für den Unterlagenausschnitt nicht das leichte Okuliermesser, sondern das schwerere Kopuliermesser.

Die Spanokulation ist eine Veredlungsmethode, die unabhängig von der Rindenlöslichkeit der Veredlungspartner vorgenommen werden kann. Während diese Methode in den Baumschulen Englands offenbar Anklang gefunden hat, wird sie von hiesigen Baumschulern allenfalls für Nachveredlungen nicht geglückter Okulationen empfohlen, weil das Verfahren aufwendiger als das Okulieren sei.

Für den Hobbyveredler ist die Spanokulation eine richtige Experimentiermethode. Es können beispielsweise im Winter Handveredlungen bei Flieder ausgeführt werden. Oder Sie probieren im Frühjahr bei Wachstumsbeginn Obstunterlagen zu „chippen". Zur selben Zeit (März oder April) können bei Aprikose, Pfirsich oder Pflaume Umveredlungen in Kronen auf einjährige Triebe durch Spanokulation durchgeführt werden. Außerdem lassen sich alle sommerlichen Okulationen durch das Chippen von August bis Oktober ersetzen. Was Sie dabei zu tun haben, wird nun an einer bodennahen Veredlung beschrieben.

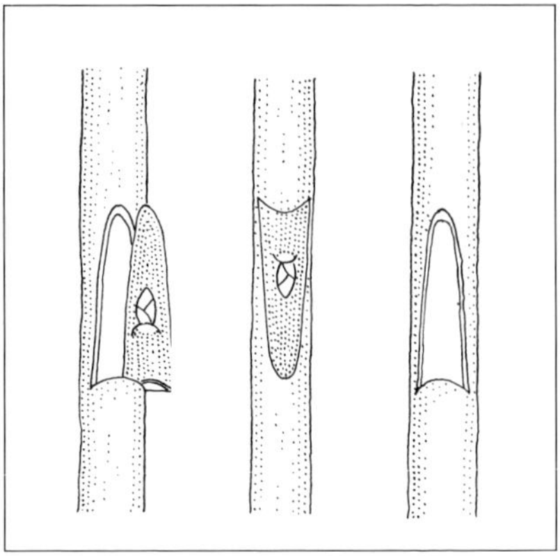

Spanokulation. Dem spanförmigen Ausschnitt aus der Unterlage (links) muß ein Augenspan aus dem Edelreis entsprechen (Mitte und rechts).

Vor dem Veredeln müssen an den Unterlagen alle Seitentriebe im Bereich der Veredlungsstelle mit dem Kopuliermesser weggeschnitten werden. Dann säubert man diese Stellen mit einem weichen Lappen von hochgeschleuderten Bodenteilchen. Der Augenspan soll mindestens 10 cm über der Bodenoberfläche in die Unterlage eingesetzt werden. Fertigen Sie zunächst mit dem Kopuliermesser einen etwa 3 mm tiefen leicht schräg nach unten verlaufenden Einschnitt in die Unterlage. Der zweite Schnitt, der auf diesen Einschnitt zulaufen muß, wird etwa 2,5 bis 3 cm oberhalb angesetzt und nach unten geführt, bis sich der zungenförmige Ausschnitt (ein halber Kopulationsschnitt) löst. In derselben Weise muß der Span mit der etwa in der Mitte sitzenden Knospe ausgeschnitten werden: ein schräger Einschnitt unterhalb der Knospe und ein darauf zulaufender gleichlanger keilförmiger Schnitt, der hinter dem Auge abwärts geführt wird. Unterlagenausschnitt und Augenspan passen am besten aufeinander, wenn beide Partner etwa gleich stark sind.

Zum Verbinden von oben nach unten ist feinfädiger Kunstbast, Gummifäden oder PE-Folienband geeignet. Im Frühjahr sollen die Knospen frei bleiben; im Sommer kann man die Augen überbinden. Frühjahrs-Chips sollten verstrichen werden; im Sommer ist dies nicht erforderlich. Wenn allerdings die Veredlungsstelle z. B. mit Gummifäden lückenlos verbunden wird, soll man auch auf das Verstreichen im Frühjahr verzichten können. Nach etwa 5 Wochen (bei starkwachsenden Unterlagen auch früher) müssen die Verbände kontrolliert und – falls Einschnürungen sichtbar sind – gelöst werden. Dies sollte auf der der Veredlung gegenüberliegenden Unterlagenseite geschehen.

Wenn Sie bei Kronenumveredlungen, z. B. bei Pfirsich oder Aprikose, an Stelle der Okulation das Chippen anwenden wollen, wird ebenso verfahren wie beim „Äugeln“: An der Basis einjähriger Triebe werden 2 Augenspäne eingesetzt: ein Span oben und ein Span unten.

Reiserveredlungsmethoden

Während bei den Okulationen stets nur ein Auge auf eine Unterlage übertragen wird, sind es bei Reiserveredlungen Teilstücke von Edelreisern mit mehreren Knospen oder Augen. Für diese Pfropfungen sind verschiedene Methoden entwickelt worden, die entweder im Winter (Januar und Februar) bei Handveredlungen oder ab Februar bis Mai bei Freilandveredlungen mit Winterreisern angewendet werden können. In einigen Fällen lassen sich Unterlagen auch im Sommer mit diesjährigen Sommerreisern erfolgreich veredeln.

Zuallererst: den Kopulationsschnitt lernen

Übung macht den Meister! Dies trifft in besonderer Weise für das Lernen des Kopulationsschnittes für das Veredeln zu. Sie sollten deshalb diesen speziellen Schnitt unbedingt vor dem Veredlungstermin sicher beherrschen. Denn wer am Veredlungstag erst zu üben beginnt, kommt allzuleicht in einen nicht ungefährlichen Streß. Die Ausführung dieses für alle Reiserveredlungsmethoden wichtigen Grundschnittes muß „im Schlaf“ möglich sein.

Für die Schnittübungen während der Wintermonate werden Triebe benötigt, die sich im Laufe der vergangenen Vegetationsperiode gebildet haben. Diese einjährigen Triebe (auch Sprosse oder Reiser genannt) fallen z. B. beim Winterschnitt von Obstbäumen an. Es sind aber auch Sprosse von Weiden, Eschen, Haselnüssen und von anderen Laubgehölzen geeignet. Sammeln Sie genügend Triebe unterschiedlicher Stärken. Der Durchmesser in der Triebmitte sollte von 0,5 bis 1,2 cm reichen. Alle Schnittübungen werden jeweils mit schwachen, dann mit mittelstarken und zuletzt mit starken Reisern vorgenommen. Alle Handgriffe sind für Rechtshänder beschrieben; Linkshänder müssen die Anleitungen entsprechend umsetzen. Sofern die Außentemperaturen unter +15 °C liegen, wird empfohlen, die Übungen in einem beheizten Raum auszuführen.

Vor Beginn der Schnittübungen muß das Kopuliermesser abgezogen werden (siehe Seite 118).

Es ist wahrscheinlich, daß Sie zum ersten Mal ein derart scharfes Messer handhaben. Und es ist deshalb natürlich, daß man in dieser Situation sehr vorsichtig, ja sogar ängstlich ist. Die Angst werden Sie im Verlauf der Schnittübungen Schritt für Schritt verlieren. Dagegen ist Vorsicht bei jeder Benutzung des Messers auch weiterhin geboten.

Der Schnitt am Edelreis

Erste Übung. Wir beginnen mit einer ganz einfachen Übung: ein einjähriger Sproß soll schräg durchgeschnitten werden.

Nehmen Sie dazu einen schwächeren Trieb so in die linke Hand, daß an dessen dickerem Ende ein Schnitt ausgeführt werden kann, der vom Körper weg schräg nach unten verläuft. Diese erste Übung soll mehrmals an diesem Trieb wiederholt werden. Machen Sie dasselbe mit dickeren Trieben.

Der Anfänger kann schon bei den ersten Schnitten, insbesondere an stärkeren Reisern, etwas außer Atem kommen, weil er jedes Mal die Luft anhält, wenn er das Kopuliermesser durch den Sproß drückt (von Schneiden kann in der Regel noch keine Rede sein).

Zweite Übung. Sie haben bei der ersten Übung bereits die Erfahrung machen können, daß einjährige Reiser bis zu einem Durchmesser von etwa 1,5 cm mit einem Kopuliermesser oder einer Kopulierhippe durchgetrennt werden können. Die dabei entstandenen Schnitte sind gewiß sehr unterschiedlich ausgefallen: mal kurz, mal lang, recht häufig verdreht und selten plan.

Bei der zweiten Übung sollen Sie versuchen, diese Sprosse wirklich zu durchschneiden; denn Messer sind Werkzeuge zum Schneiden und nicht zum Drücken.

Zunächst wird ein schwächerer Trieb, wie in der Abb. unten dargestellt, vom Körper ausreichend entfernt in der linken Hand gehalten. Am stärkeren Triebteil führt man den ersten Schnitt so aus, daß das spitzwinklig zum Trieb gehaltene Messer diesen mit einem „ziehenden" Schnitt durchtrennt. Dieser „weiche" Schnitt muß zwanzig- oder dreißigmal, besser noch öfter, wiederholt werden, wobei immer wieder neu ein Span weggeschnitten wird. Man beginnt wiederum mit schwachen Reisern und endet mit kräftigen. Versuchen Sie vor allem den Trieb ruhig zu halten und ausschließlich das Messer zu bewegen. Anfänger im Fach wollen die brenzlige Situation dadurch möglichst schnell hinter sich bringen, indem sie auch den Sproß ruckartig bewegen.

Dritte Übung. Nachdem Sie das Durchschneiden eines einjährigen Sprosses gelernt haben, soll durch die folgende Übung die Schnittführung verbessert werden, d. h., es sollen Schnitte mit absolut ebener Schnittfläche erzielt werden (Seite 59).

Eine gute Schnittführung wird dadurch erreicht, daß die Messerklinge möglichst in ihrer ganzen Länge gleichzeitig am Schnitt beteiligt ist. Demzufolge muß die Schneide nahezu parallel zum Reis angelegt werden. Beim Einschneiden ins Holz sorgt die plane Klingenunterseite dafür, daß die Schnittfläche eben verläuft. Eine zusätzliche Führung vor allem in der Anfangsphase des Schnittes übernimmt der gegenüber der Schneide am Reis angelegte Daumen. Achten Sie auf den Abstand des Daumens zur Schneide (zunächst befindet sich noch das Reis dazwischen). Dieser Abstand darf sich am Ende des Durchschneidens keinesfalls verkleinern, andernfalls könnte am Daumen Blut

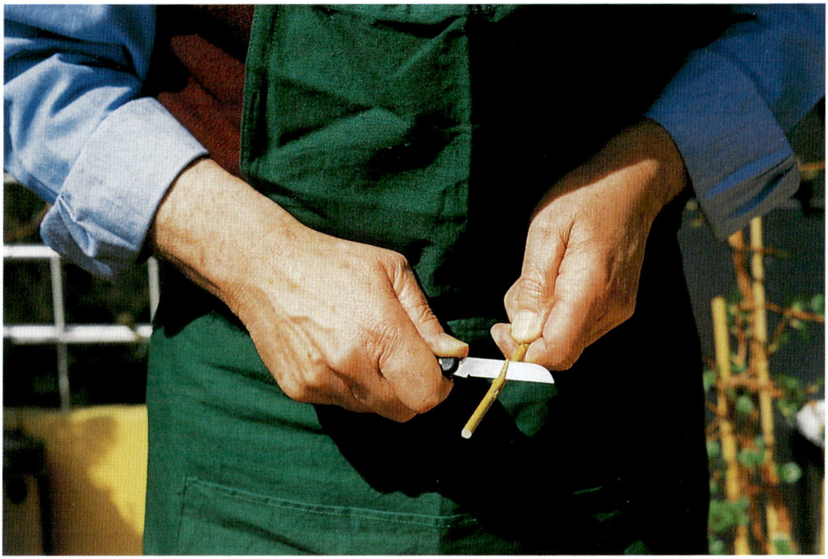

Erste Kopulationsschnitt-Übung: Einen einjährigen Trieb schräg durchschneiden.

Zweitens: Den „ziehenden" Schnitt üben.

fließen! Diese starre Haltung des Daumens zu dem in die Hand „eingespannten" Messer muß man ohne einen Schnitt auszuführen üben.

Einschub: Eine Entscheidung ist erforderlich! Wer das in der folgenden vierten Übung beschriebene körpernahe Hantieren mit dem scharfen Messer ablehnt, muß ersatzweise den in Übung 5 erläuterten „freihändigen" Zuschnitt üben. Dieser in der Schnittführung vom Anfänger nicht so sicher auszuführende Kopulationsschnitt wird in diesem Fall nicht nur bei bestimmten Unterlagen, sondern auch bei den Edelreisern angewendet.

Vierte Übung. Alle bisherigen Schnittübungen sind in gebührendem Abstand zum Körper durchgeführt worden. Dabei war es schwierig auszuschließen, daß sich die sproßhaltende linke Hand beim Schneiden mitbewegt, denn dadurch wird die Schnittführung häufig negativ beeinflußt.

Wer eine wirklich sichere Schnittführung erreichen will, muß die von Fachleuten bevorzugte Haltung der „Sproß-Hand" einnehmen: Sie wird unterhalb der Brust leicht gegen den Körper gedrückt und dadurch ruhiggestellt. Wer sich bereits eine ausreichende Sicherheit beim Schneiden erarbeitet hat, der wird diesen körpernahen Zuschnitt schwacher und stärkerer Reiser gelassen und ruhig ausführen können.

Für die Herstellung ebener Schnittflächen bedeutet die Übung 4 eine zusätzliche Verbesserung. Nun sollten Sie außerdem noch versuchen, jedem Triebstück die ihm gemäße Schnittlänge zu geben. Dabei gilt folgende Faustregel: Triebstärke mal 6 = Länge des Kopulationsschnittes. Ein bleistiftstarker Sproß (Durchmesser etwa 0,8 cm) muß demnach einen 4,8 cm langen Kopulationsschnitt erhalten (auf Abweichungen wird hingewiesen).

Der Kopulationsschnitt ist demzufolge kein beliebiger oder zufälliger, sondern ein geplanter Schnitt mit einer absolut ebenen Schnittfläche und einer bestimmten Länge. Außerdem muß dieser Schnitt bei allen Reiserveredlungen an ganz bestimmten Stellen am Reis (bei manchen Methoden auch an den Unterlagen) vorgenommen werden. Das geht folgendermaßen vor sich: Der Schnitt soll so ausgeführt werden, daß

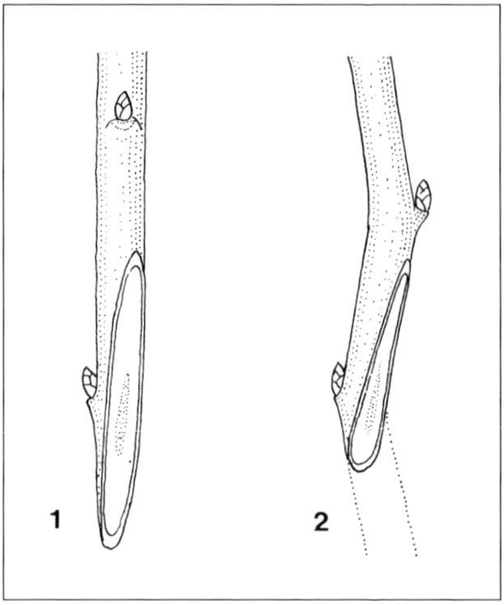

1. Wenn am Edelreis auf der dem Kopulationsschnitt gegenüberliegenden Sproßseite eine Knospe etwa in der Mitte plaziert ist, wird die Verwachsung der Veredlungsstelle gefördert. Dies trifft auch für den Kopulationsschnitt an der Unterlage zu.
2. Bei winkelig gewachsenen Edelreisern fallen die kürzeren Kopulationsschnitte meist tropfen- oder birnenförmig aus. Dabei rutscht außerdem die „Verwachsungsknospe" ins untere Drittel der Schnittlänge ab. Bei sorgfältigem Aufeinanderfügen der Partner klappt die Verwachsung dennoch.

Dritte Übung: Die Schneide samt Klinge soll möglichst gleichzeitig auf ganzer Länge ins Holz eindringen.

Zu einer besonders sicheren Schnittführung soll die vierte Übung beitragen: Die sproßhaltende Hand wird am Körper angelegt.

etwa in Höhe der Mitte des Schnittes auf der gegenüberliegenden Sproßseite eine Knospe plaziert ist. Das auf diese Weise angeschnittene reservereiche Gewebe hinter der Knospe fördert die Verwachsung der Veredlung. Diese wünschenswerte Position der Knospe läßt sich bei geradegewachsenen Reisern leicht herstellen. Wenn jedoch die Zwischenknotenstücke (Internodien) winkelig zueinander stehen, wie z. B. bei bestimmten Birnen-, Apfel- oder Pflaumensorten, wird die Knospe dem Kopulationsschnitt eher im unteren Drittel gegenüberstehen. Bei diesen schwieriger zuzuschneidenden Sorten muß außerdem in Kauf genommen werden, daß die Schnittform nicht elliptisch, sondern tropfen- oder birnenförmig ausfällt. Für die Verwachsung sind derartige Abweichungen in der Regel ohne Folgen, wenn sorgfältig gearbeitet wird.

Der Schnitt an der Unterlage

Wenn im Spätherbst Unterlagen bezogen oder im eigenen Gehölzbestand ausgegraben werden, können sie während der Wintermonate „in der Hand" (= handveredelt) werden. Das bedeutet, daß diese Unterlagen in der für Reiser beschriebenen Weise zugeschnitten werden können, nur eben umgekehrt. Während am Reis der Kopulationsschnitt (in Wuchsrichtung) von oben nach unten vorgenommen werden muß, geschieht dies an der Unterlage von unten nach oben. Näheres dazu bei Handveredlungen auf Seite 66.

Häufig stehen die zu veredelnden Unterlagen jedoch auf einem Standort im Freien. Sie können also nicht in der Hand zugeschnitten werden. Es muß demnach noch eine zweite Art des Zuschnitts von Unterlagen geben, die in der fünften Übung erläutert werden soll.

Fünfte Übung. Bei dieser Übung wird ein beliebiges Reis zur Unterlage erklärt. Nehmen Sie diese „Unterlage" wie in der Abbildung auf der gegenüberliegenden Seite ersichtlich in die linke Hand: dickes Teil nach unten, dünneres Teil nach oben. Die den Sproß haltende Hand muß beim Schneiden absolut ruhig gehalten werden. Die Schneide des Kopuliermessers wird rechtwinklig auf den Sproß aufgesetzt. Der Kopulationsschnitt sollte in einem Zug ausgeführt werden.

Nur mit viel Übung können genügend lange und plane Schnitte an den richtigen Stellen – auf Knospenposition achten! – sicher gelingen. Wenn Sie diesen „freihändigen" Kopulationsschnitt beherrschen, können auf dieselbe Art auch Edelreiser zugeschnitten werden. Das ist ein Ausweg für diejenigen Hobbyveredler, die das körpernahe Arbeiten mit dem scharfen Messer ablehnen (Übung 4). Es ist jedoch zu beachten, daß bei dieser Methode selbst Fachleute den ersten Schnitt am jeweiligen Sproß immer einige Zentimeter über der vorgesehenen Veredlungsstelle fertigen, weil ein zufriedenstellendes Schnittergebnis vielfach erst im zweiten oder dritten Anlauf erzielt wird. Das verdeutlicht, daß die „freihändige" Schnittausführung schwieriger ist als die „angelegte".

Am Ende dieses Übungsabschnittes beglückwünsche ich Sie herzlich! Mit dem Erlernten haben Sie einen großen Schritt hin zum erfolgreichen Hobbyveredler gemacht. Sie sind bereits in der Lage, Kopulationen oder das Anschäften durchzuführen. Es wird Sie besonders freuen, daß dieser Grundschnitt, z.T. mit Zusatzschnitten versehen, bei allen Reiserveredlungsmethoden angewendet wird. Sie können demzufolge bereits mehr, als Sie ahnen!

Fünfte Übung: Der „freihändige" Zuschnitt von Unterlagen und von Edelreisern.

Die Einfache Kopulation

Beim Kopulieren werden einjährige Winterreiser auf gleichstarke oder annähernd gleichstarke Unterlagen veredelt. Diese Unterlagen sind in der Regel ein- bis zweijährig, in Ausnahmefällen auch etwas älter.

Kopulationen im Gewächshaus oder einem frostfreien Raum sind schon ab Januar bis März möglich. Freilandveredlungen können bei günstiger Witterung bereits ab Ende Februar bis April bzw. bis Mitte Mai durchgeführt werden. Für den Hobbyveredler sind frühe Reiserveredlungen deshalb besonders empfehlenswert, weil die im Lager durch Wärme und Lufttrockenheit gefährdeten Winterreiser früher verwendet werden können als für Pfropfungen im April oder Mai. Dies trifft speziell für die früh austreibenden Steinobstreiser zu.

Beim Kopulieren sind die beiden zu vereinigenden Partner im Idealfall gleich stark. Das bedeutet, daß für jede Unterlage ein Edelreis ausgesucht werden muß, aus dem ein Teilstück gleicher Stärke zugeschnitten werden kann. Abweichungen davon sind möglich, jedoch nur mit folgender Einschränkung: Das zugeschnittene Edelreis kann schwächer als die zugeschnittene Unterlage sein (es wird dann nur einseitig an das Kambium der Unterlage angelegt). Niemals sollte das Reis stärker als die Unterlage sein, denn überstehende Reiser vertrocknen!

Nun gilt es, den Kopulationsschnitt praktisch anzuwenden. Das heißt, daß

Kopulationsschnitte am Reis von oben nach unten und an der Unterlage von unten nach oben.

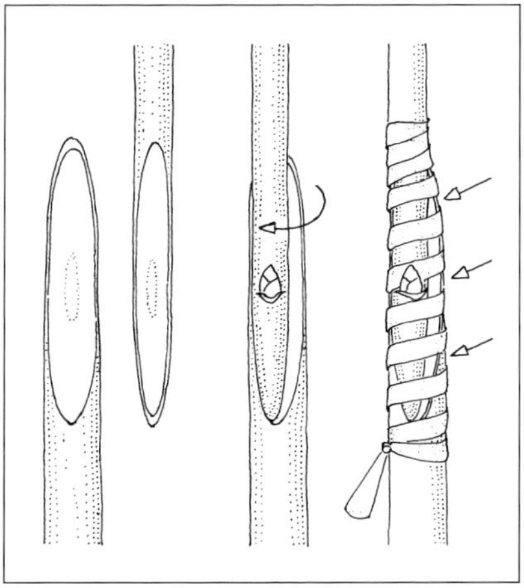

Bei stärkeren Unterlagen und schwächeren Reisern möglichst gleichlange Kopulationsschnitte ausführen, damit beim einseitigen Anlegen ein langes Kontaktband gegeben ist. Wird links angelegt, muß im Uhrzeigersinn verbunden werden. Ist der Kambiumkontakt auf der rechten Seite besser, wird umgekehrt verbunden. Beim Verstreichen darauf achten, daß das Veredlungsmittel auch unter die Bahnen gelangt.

zwei möglichst deckungsgleiche Schnitte hergestellt werden müssen: einen an der Unterlage von unten nach oben, den anderen am Edelreis von oben nach unten (bezogen auf die Wuchsrichtung der Sprosse). Bei diesen Kopulationsschnitten wird jeweils das zwischen Rinde und Holz eingebettete Kambium in Form eines elliptischen Ringes freigelegt. Beim Zusammenfügen der beiden Partner sollten die Kambien möglichst überall miteinander Kontakt bekommen.

Wenn die verfügbaren Reiser jedoch schwächer als die Unterlagen sind, ist darauf zu achten, daß die Kopulationsschnitte an Unterlage und Reis gleichlang sind, damit wenigstens auf einer Schnitthälfte Kambium auf Kambium gefügt werden kann. Sind die beiden Partner links besser kontaktfähig als rechts, muß im Uhrzeigersinn verbunden werden; liegen die Kambien dagegen rechts besser aufeinander, so ist der Verband in entgegengesetzter Richtung anzulegen.

Auf die unterschiedliche Reiserlänge, d. h. die Anzahl der Knospen oder Augen je Reis, wird bei den verschiedenen Beispielen zur Kopulation später eingegangen.

Für den Veredlungserfolg ist neben dem fachmännisch ausgeführten Kopulationsschnitt ein genügend straffer Verband ausschlaggebend. Eine Verwachsung kommt nur zustande, wenn die Kambien fest gegeneinandergepreßt werden. Dazu nehmen die Hobbygärtner immer noch Naturbast (Raphiabast) oder Kunstbast. Für Kopulationen werden die Bastfäden auf etwa 40 cm Länge und 8 mm Breite zugeschnitten. Die Verwendung von Gummiveredlungsbändern, die heutzutage in Baumschulen den Bast weitgehend verdrängt haben, ist beim Liebhabergärtner noch immer die Ausnahme, weil dieses Verbindematerial bisher nur in Großpakkungen erhältlich ist. Für frühe Kopulationen im Februar oder März sind Gummiveredlungsbänder allerdings auch nicht stabil genug.

Beim Verbinden der Pfropfpartner drückt der Daumen der linken Hand den Anfang des Bastbandes gegen die präzise aufeinandergefügten Schnittstellen, und zwar in Höhe der nach oben auslaufenden Zunge des Unterlagen-Kopulationsschnittes. Der nach oben gerichtete Bastfaden wird nun knapp über der oberen Zunge beginnend zweimal überbunden. Dann führt man den

Am Verbandanfang den Bastfaden zweimal straff überbinden.

Kopulationen rundherum verstreichen (Kopfwunde nicht vergessen!).

Verband in etwa 8 bis 10 straffen Bahnen nach unten bis unterhalb der unteren Zunge und sichert ihn durch zweimaliges Schlingen um die letzte Bastbahn. Die Doppelschlinge muß in Binderichtung fest angezogen werden. Der doppelte Endknoten sollte auf der Unterlage plaziert sein. Bei Verwendung von Gummifäden wird der Anfang nur einmal überbunden und am Ende des Verbands nur einmal durchgeschlungen. Es ist wichtig, daß sich die Schnittflächen beim Verbinden nicht verschieben. Diese Gefahr wäre auch vorhanden, wenn der Verband zu locker angelegt würde.

Abschließend muß die verbundene Kopulation mit einem „Mittel zur Veredlung und Wundbehandlung" verstrichen werden. Das kann ein kaltflüssiges bzw. -streichbares Baumwachs oder eine Kunststoffdispersion sein. Bei letzteren ist zu beachten, daß sie nicht bei Temperaturen unter +5°C angewendet werden sollen. Bei Kopulationen wird die Veredlungsstelle rundum verstrichen, also nicht nur entlang der Nahtstellen.

Die Kopulation mit Gegenzungen
Beim Durchführen der Einfachen Kopulation gibt es für die linke „haltende" Hand allerlei zu tun: Die beiden Kopulationsschnitte müssen rundum oder einseitig aufeinandergefügt und angepreßt werden. Außerdem ist der Anfang des Verbandes gegen den Sproß zu drücken, und bei fortschreitender Bindung sollten die Finger langsam zurückweichen. Wenn Sie sich neben diesen vielseitigen Beschäftigungen vorstellen, daß die beiden elliptischen Schnitte zunächst nur an einer dünnen Randlinie verwachsen können (das Holz ist nicht verwachsungsfähig!), ist die Idee mit den Gegenzungen schon eine hervorragende Verbesserung bei diesem wichtigen Veredlungsverfahren.

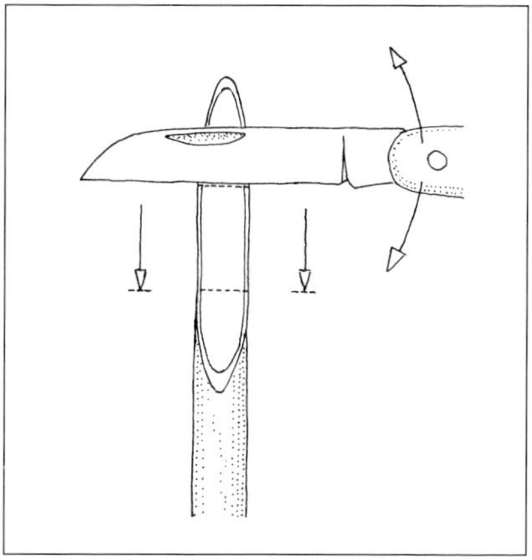

Der Gegenzungenschnitt in die Unterlage: Klinge im oberen Drittel des Kopulationsschnittes ansetzen und durch wiegende Bewegungen achsenparallel ins Holz drükken bis unteres Drittel erreicht ist.

Zur Herstellung der Gegenzungen werden 2 einfache zusätzliche Schnitte an den zugeschnittenen Partnern angebracht, die es dann ermöglichen, Edelreis und Unterlage keilartig ineinanderzuschieben. Diese Gegenzungen vereinfachen sämtliche Handgriffe beim Aufeinanderpassen und beim Verbinden. Sie verringern außerdem die Bruchgefahr und vergrößern zudem die Verwachsungsfläche an der kambialen Randzone.

Die Gegenzungen werden derart zugeschnitten, daß am Edelreis der bereits ausgeführte Kopulationsschnitt gedanklich (oder tatsächlich durch Bleistiftstriche) in 3 gleichlange Abschnitte geteilt wird. Dann setzt man die Schneide des Kopuliermessers unten am Kopulationsschnitt an der Grenze

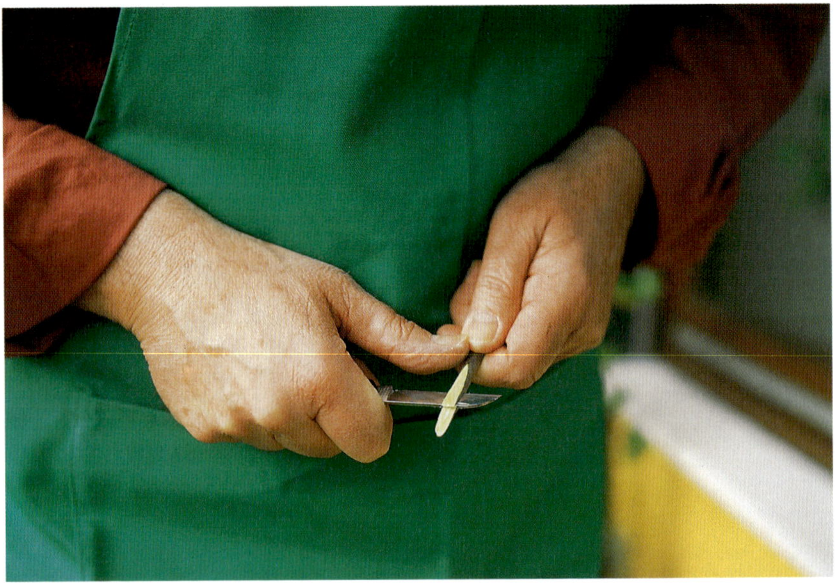

Der Gegenzungenschnitt am Edelreis.

vom ersten zum zweiten Drittel an und schneidet parallel zur Reisachse einen Spalt. Dieser muß bis zur Linie des dritten Drittels reichen. Der Zusatzschnitt am Reis für die Gegenzunge erfolgt demnach von unten nach oben (in Wuchsrichtung).

An der Unterlage wird derselbe Zusatzschnitt jedoch entgegengsetzt von oben nach unten durchgeführt: Messerklinge im Grenzbereich des oberen und mittleren Drittels ansetzen; Spaltlänge abwärts soll bis zum unteren Drittel vordringen. Vorsicht! Es passiert dem Anfänger allzuleicht, daß die Klinge dabei zur Sproßoberfläche „ausbricht". Das bedeutet, daß ein neuer Kopulationsschnitt gefertigt werden muß, der die Unterlage verkürzt. Um dieses Mißgeschick zu vermeiden, können Sie die rechtwinklig zur Sproßachse gehaltene Klinge unter leichtem Druck abwechselnd nach links und rechts wiegen. Der Spaltschnitt dringt auf diese Weise „kontrolliert" ins Holz vor.

Die nun folgenden Beispiele der praktischen Anwendung von Kopulationen gelten für beide Methoden. Weil aber die Kopulation mit Gegenzungen der Einfachen Kopulation überlegen ist, sollten Sie Ihr Können allmählich dorthin entwickeln.

Praktische Beispiele für Kopulationen bei Handveredlungen und Freilandveredlungen

Handveredlungen. Handveredelte Kopulationen werden während der Wintermonate (von Januar bis März) mit nicht eingewurzelten Unterlagen vorgenommen. Das bedeutet, daß der am Reis ausgeführte Kopulationsschnitt auf die gleiche Weise auch an der Unterlage praktiziert werden kann: in der Hand. Weil aber die Pfropfungen im Winter per Hand erfolgen, wird diese Veredlungsart auch als Winterhandveredlung bezeichnet. Neben der Kopulation werden bei Handveredlungen außerdem das Anschäften, das Geißfußpfropfen und in wenigen Fällen das Spaltpfropfen angewendet.

Die Unterlagen für diese Handveredlungen sind junge Sämlinge, vegetativ vermehrte Abrisse, Ableger, bewurzelte Steckhölzer oder Stecklinge, die Sie sich entweder besorgt haben oder die „aus eigenem Bestand" stammen. Sie müssen bis zum Veredlungstermin frostfrei eingeschlagen werden.

Nachfolgend beschreibe ich Ihnen nun einige Pfropfpartnerschaften, die selbst auszuprobieren reizvoll ist.

Kernobst- und Steinobstbäume. Alle Arten des Kernobstes und die meisten des Steinobstes (Pfirsich und Aprikose ausgenommen) können im Winter handveredelt werden. Da Kopulationen von Birne auf Quitte leicht ausbrechen, wird das Okulieren empfohlen. Die für die möglichen Kombinationen gebräuchlichen Unterlagen sind im einschlägigen Kapitel aufgeführt. Sie müssen im Spätherbst frostfrei eingeschlagen oder unmittelbar vor dem Kopulieren (beim Steinobst im Januar bis Februar, beim Kernobst im Februar oder März) aus dem Kühlraum des Baumschulers geholt werden. Auf die Unterlagen werden Pfropfreiser mit 2 Knospen aufgesetzt.

Ebenso wie die Fruchtsorten können Zierformen des Apfels, der Kirsche und Pflaume im Winter handveredelt werden; allerdings bei dieser bodennahen Veredlung nur die aufrechtwachsenden Formen. Sehr häufig wird dafür die Sämlingsunterlage verwendet. Andere Kombinationen mit Klone- und Typenunterlagen sind ebenfalls möglich, doch insgesamt wenig erprobt. Unverträglichkeit ist dabei nicht auszuschließen. Hängeformen, wie z. B. die hängende Nelkenkirsche (*Prunus serrulata* 'Shidare Sakura') müssen dagegen in Kronenhöhe kopuliert werden.

Stachelbeer- und Johannisbeerstämme. Zur Stammanzucht werden bei beiden Arten entsprechende Unterlagen in Kronenhöhe veredelt. Dafür werden vor allem Ruten der Goldjohannisbeere *(Ribes aureum)* und außerdem der Sparrigen Stachelbeere *(R. divaricatum)* bzw. der Gemeinen Stachelbeere *(R. uva-crispa)* als Stammunterlage

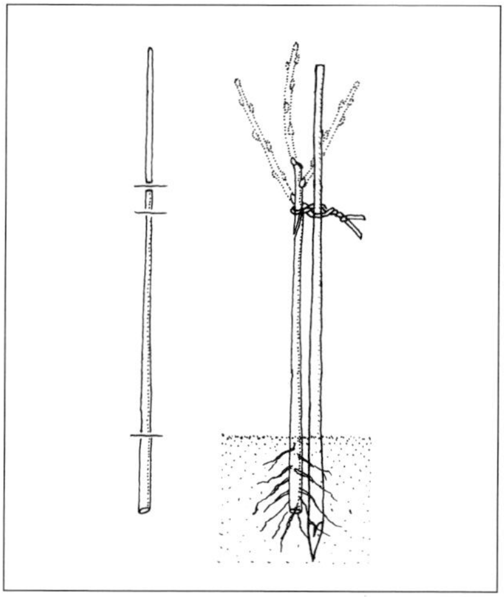

Handveredlungen bei Stachelbeer- und Johannisbeerstämmen. Die Abwurfhöhe der Ribesruten (links) ergibt sich z. B. bei einem Niederstamm mit einer Stammhöhe von 45 cm aus: 15 cm für die Wurzelbildung + 45 cm Stammhöhe + 5 cm Verschnittreserve = 65 cm Abwurfhöhe. Rechts die gepflanzte Handveredlung.

benutzt. Es kommt nicht selten vor, daß Unterlagenaustriebe aus dem Boden wachsen, die der Hobbygärtner veredeln kann.

Die Beerenobstbaumschuler beziehen diese in „Mutterquartieren“ der Unterlagenbaumschulen gewonnenen Ruten als bewurzelte Abrisse. Sollten sie unbewurzelt sein, schadet das nicht der Bewurzelungswilligkeit.

In den Baumschulen werden diese Unterlagen bei Freilandveredlungen (darüber später mehr) in 40 bis 50 cm Höhe für Niederstämme oder in 80 bis 90 cm Höhe für Hochstämme veredelt. Bei Winterhandveredlungen müssen zur Bestimmung der Veredlungshöhen jeweils 20 cm zugerechnet werden: 15 cm der Rutenbasis kommen als Wurzelbereich in den Boden, und 5 cm werden als „Verschnittreserve“ über der Veredlungsstelle zugegeben, weil der erste Kopulationsschnitt keineswegs immer zufriedenstellend gelingt.

Das bedeutet, daß die *Ribes*-Rute für einen Niederstamm mit 40 bis 50 cm Stammhöhe in 55 bis 65 cm Höhe kopuliert und deshalb etwas höher abgeschnitten werden muß. Entsprechend ist bei handveredelten Hochstämmen zu verfahren. Selbstverständlich können Sie zwischen diesen, nur für Baumschulen verbindlichen Stammhöhen jede andere Höhe für eine Kopulation wählen. Dagegen wäre es nicht sinnvoll, unter 60 cm oder über 105 cm zu veredeln.

Die bezogenen oder eigenen kräftigen *Ribes*-Unterlagen müssen frostfrei (z. B. im Keller) eingeschlagen werden. Vor der Kopulation im Januar oder Februar werden mögliche Seitensprosse weggeschnitten. Die im Spätherbst bzw. kurz vor dem Veredeln geschnittenen Winterreiser sollen gesund und entsprechend kräftig sein. Die Stachelspitzen an Stachelbeerreisern sind mit der Schere wegzuschneiden.

Damit an den Unterlagen der Kopulationsschnitt in der Hand durchgeführt werden kann, hat es sich bewährt, die Ruten auf eine Tischplatte zu legen und sich daneben auf einen Stuhl zu setzen. Man kann anstelle eines Tisches auch den Tritt einer Haushaltsleiter benutzen, der bei Alu-Leitern vorsorglich mit einem aufgelegten Sack oder Lappen gepolstert werden sollte, damit die Ruten nicht Schaden nehmen. Die Kopulationsschnitte an Unterlage und Reis müssen nicht länger als 3 cm sein. Johannisbeerreiser sollten 3 bis 4 Knospen tragen, Stachelbeerreiser 4 bis 5 Knospen. Bei schwächeren Reisern müssen die Kambien wenigstens auf einer Seite aufeinanderliegen. Bei starken Unterlagen ist es besser, anzuschäften.

Bei diesen früh im Jahr durchgeführten Handveredlungen ist es zweckmäßig, mit Bast oder Kunstbast zu verbinden. Zum Verstreichen ist eine Kunststoffdispersion empfehlenswert.

Die im zeitigen Frühjahr (eher März als April) auszupflanzenden Kopulationen müssen mit je einem Pfählchen versehen und zweimal angebunden werden. Wollen Sie die Winterhandveredlung gleich an ihren Dauerstandort pflanzen, sollte ein dauerhafterer Unterstützungspfahl bevorzugt werden: Zopfstärke 3 bis 4 cm; Pfahl 30 cm in den Boden schlagen; Stammhöhe bis zur Veredlungsstelle + 40 cm zum Anbinden eines Mitteltriebes dazurechnen. Die Länge des stabilen Unterstützungspfahls für einen Niederstamm von 50 cm Stammhöhe wäre demnach: 30 cm + 50 cm + 40 cm = 120 cm.

Ein Sonderfall: handveredelte Johannisbeerbüsche. Die Buschvermehrung aus

Steckholz verläuft bei den meisten Johannisbeersorten ohne Probleme. Nur die Sorten 'Rondom' und 'Heinemanns Rote Spätlese' machen dabei Schwierigkeiten: sie sind bewurzelungsunwillig. Ein gärtnerischer Kniff hilft Ihnen dennoch „auf die Sprünge". Der Baumschuler veredelt im Winter kräftige Reiser dieser Sorten mit 3 bis 4 Knospen auf die Unterlage *Ribes aureum*, und zwar direkt über deren Wurzeln. Dies geschieht durch Kopulation, bei stärkeren Unterlagen durch Anschäften (siehe Seite 74). Die fertigen Büsche sollen am obstbaulichen Standort etwa 10 cm tiefer gepflanzt werden, als sie in der Baumschule gestanden haben. Mit Hilfe der Unterlagenwurzel werden die in den Boden gepflanzten Sproßteile der Sorte in die Lage versetzt, nun selbst Wurzeln zu bilden.

Handveredelter Flieder. Die in unseren Gärten stehenden großblumigen Fliedersorten sind in der Regel auf den Gemeinen Flieder *(Syringa vulgaris)* veredelt, der meist jährlich Ausläufer treibt. Diese Unterlagentriebe müssen entfernt werden, es sei denn, Sie wollten Unterlagen zum Veredeln gewinnen. In diesem Fall bleiben einige der neuen Sprosse so lange stehen, bis sie nach 1 bis 2 Jahren die zum Kopulieren notwendige Stärke erreicht haben. Diese Unterlagen gräbt man nach dem Laubfall aus und schlägt sie frostfrei ein – wenn sie ausreichend bewurzelt sind.

Eine gute Bewurzelung einjähriger Sprosse läßt sich erreichen, indem man sie drahtet und dann anhäufelt. Dabei wird ein feiner Kupferdraht etwa 10 cm über der Bodenoberfläche doppelt um jeden jungen Sproß gelegt. Durch Drehen beider Enden umeinander wird die Schlinge angezogen, und zwar so, daß sie nicht mehr verrutscht. Anschließendes Anhäufeln (etwa 15 cm hoch) mit guter Komposterde oder TKS 2 ist erforderlich. Nach etwa 4 Wochen wird die Erdschicht beim zweiten Anhäufeln auf 20 cm erhöht. Bei weiterem Sproß-

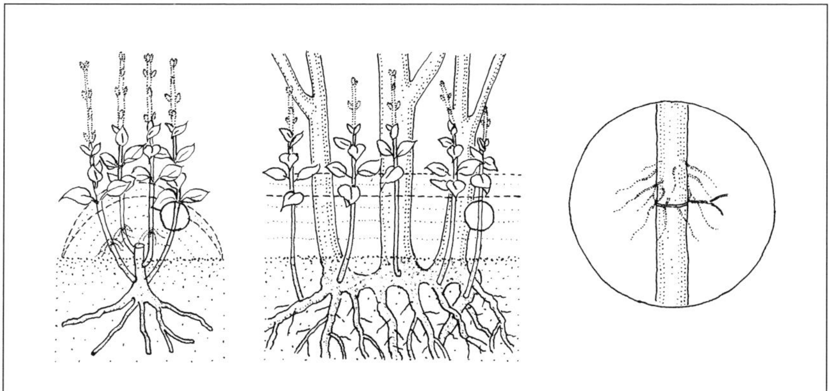

Die Bewurzelung einjähriger Sprosse kann durch Drahten verbessert werden. Links ein kräftiger Sproß, der im Frühjahr bis zur Bodenoberfläche zurückgeschnitten wurde. Rechts sind an einem mehrjährigen Fliederbusch Ausläufer aus dem Wurzelhals und aus den Wurzeln dargestellt; sie sind oft nicht ausreichend bewurzelt.

wachstum nach dem Drahten schneidet der Kupferdraht in die Rinde des sich verdickenden Sprosses ein. Dadurch bildet sich über der Einschnürung ein Baustoffstau, der die Wurzelbildung anregt. Im Herbst nach dem Laubfall wird abgehäufelt. Die bewurzelten Unterlagen schneidet man mit der Schere über dem Boden ab, dann werden sie frostfrei eingeschlagen.

Wer über keine eigenen Unterlagen verfügt, kann sich entsprechend kräftige Sämlinge besorgen.

Die im Januar oder Februar mit kurz zuvor geschnittenen Winterreisern durchzuführenden Kopulationen müssen unmittelbar über den Wurzeln vorgenommen werden. Die Reiser sollten jeweils 3 Doppelknospen haben. Es ist außerdem zu prüfen, ob sich am Wurzelhals der Unterlage Sproßknospen entwickelt haben, die man gegebenenfalls ausbrechen muß. Die fertigen Handveredlungen schlägt man bis zum frühen Auspflanzen (März) in einem kühlen Raum in feuchtem Torf ein. Sie können aber auch unmittelbar nach dem Veredeln eingetopft werden. Das ist ohnehin zweckmäßig, wenn Sie aus der Fliederveredlung eine Kübelpflanze erziehen wollen.

Genauso wird die Korkenzieherhasel (*Corylus avellana* 'Contorta') erzogen. Im März kopuliert man einen zweijährigen Sämling der Waldhasel *(C. avellana)* mit einem entsprechend dicken Reis mit 5 Knospen dieser Zierform. Auch daraus läßt sich eine Kübelpflanze erziehen.

Ebenfalls reizvoll ist die Herstellung einer Hängenden Kätzchenweide (*Salix caprea* 'Pendula'). An diesem auffälligen kleinen Baum haben in den vergangenen Jahren immer mehr Gartenliebhaber ihr Interesse bekundet. In vielen Vorgärten, an manchem Gartenteich und auf Gräbern hat diese kleine Hängeweide ihren Platz gefunden.

Da sich Weiden sehr willig durch Steckholz vermehren lassen, können Sie sich selbst eine oder mehrere Unterlagen erziehen. Dazu benötigt man einjährige Ruten der Flecht- oder auch Hanfweide *(Salix viminalis)* bzw. der Reifweide *(S. daphnoides)*. Sie können es auch mit anderen Weidenarten versuchen. Steckhölzer aus dem unteren und mittleren Sproßteil wachsen besser als solche von der Triebspitze. Die etwa 20 cm langen Steckhölzer sollten vor dem Stecken im März einen Tag lang in Wasser gelegt werden. Dann drückt man sie in einen gut vorbereiteten Boden so tief, daß nur noch die oberste Knospe sichtbar ist. Von den Neuaustrieben wird nur der kräftigste belassen. Falls er nicht gerade wächst, muß er mit einem Stab versehen und angebunden werden.

Im Herbst werden die veredlungsfähigen Unterlagen gerodet und frostfrei eingeschlagen. Erreichen die Sprosse aus den Steckhölzern nicht die zum Kopulieren notwendige Stärke und Länge, ist ein kurzer Rückschnitt erforderlich.

Ende Januar müssen die Unterlagen aus dem Einschlag geholt und veredelt werden. Vorhandene Seitentriebe werden auf Astring geschnitten; die Wundstellen sind mit einem Wund- und Veredlungsmittel zu überstreichen. Die auszuführende Kopulation ist bereits beim Veredeln der Beerenobststämme beschrieben worden. Die Reiser sollten mit 5 bis 6 Knospen besetzt sein. Nach dem Veredeln können die Weidenstämmchen in einem genügend großen Topf oder Container gepflanzt oder bis zum frühen Auspflanzen im März eingeschlagen werden.

Hängende Kätzchenweide (Salix caprea 'Pendula') in Kronenhöhe kopuliert.

Ein Pflegehinweis liegt mir noch am Herzen: Jährlich reichblühende Triebe lassen sich nur dadurch erreichen, wenn man nach der Blüte die abgeblühten Sprosse auf wenige Knospen zurückschneidet.

Freilandveredlungen. Die bei den Handveredlungen durchgeführten Kopulationen können in den meisten Fällen auch als Freilandveredlungen bei Unterlagen vorgenommen werden, die im Boden eingewurzelt sind. So lassen sich Baumobstunterlagen, die das Auge nicht angenommen haben, durch Kopulation im Februar oder März nachveredeln. Bei Pfirsich und Aprikose bzw. bei Birne auf Quitte sind derartige Nachveredlungen durch Kopulation nicht zu empfehlen. Freilandkopulationen von Flieder sind im März möglich; Weiden werden bereits im Februar kopuliert.

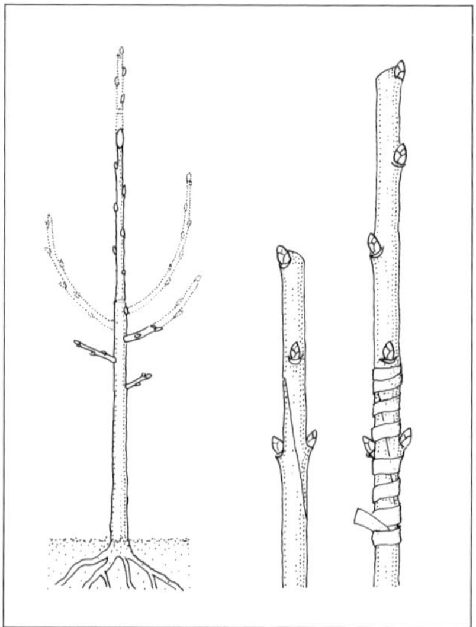

Kopulation in Kronenhöhe. Links: Ein zweijähriger Vogelkirschensämling soll in 170 cm Höhe kopuliert werden. Abwurfhöhe der Unterlage in 180 cm (10 cm dienen als Verschnittreserve). Stärkere Seitentriebe auf Astring schneiden; mittelstarke Triebe auf 2 bis 3 Augen zurückschneiden; schwache Seitentriebe dagegen zur Verstärkung des Stammes unbehandelt lassen.
Rechts: Auf Unterlagen, die zuvor verpflanzt worden sind, Reiser mit 2 bis 3 Knospen kopulieren; auf unverpflanzte Unterlagen können längere Reiser (mit 4 bis 5 Knospen) veredelt werden.

Kopulationen in Kronenhöhe und in der Krone

Beide Veredlungsmöglichkeiten werden nachfolgend näher erläutert, und zwar am Beispiel junger, etwa zwei- bis dreijähriger Vogelkirschensämlinge, die auf Ihrer Obstwiese gewachsen sind. In beiden Fällen wird die Unterlage hochgezogen; sie dient als Stamm- bzw. Gerüstbildner.

Kopulation in Kronenhöhe. Es bietet sich an, diesen Vogelkirschensämling in etwa 170 cm Höhe zu kopulieren, weil die einjährige Stammverlängerung dort etwa gleichstark ist, wie die verfügbaren Edelreiser einer Zierkirschensorte. Sie hatten Ihren Nachbarn schon lange um seine wunderbar blühende Hängende Nelkenkirsche beneidet, und ihn gebeten, er möge im Dezember einige kräftige einjährige Triebe schneiden und sie Ihnen zum Veredeln überlassen.

Die Kopulation kann an einem frostfreien Tag im März durchgeführt werden. Zunächst schneidet man den Verlängerungstrieb der Unterlage auf etwa 180 cm zurück. Diese „Verschnittreserve" ist empfehlenswert, weil der „freihandig" auszuführende Kopulationsschnitt sicher nicht auf Anhieb gelingen wird, wobei erschwerend ist, daß Sie auf der Leiter stehen.

Bei verpflanzten Unterlagen sollte das Pfropfreis nicht mehr als 2 bis 3 Knospen tragen. Wenn dagegen zufällig ein Vogelkirschensämling am richtigen Standort gewachsen ist, kann man am Reis 4 bis 5 Knospen belassen. Seitentriebe am Unterlagenstamm werden an ihrer Entstehungsstelle auf Astring entfernt. Zur Stammverstärkung kann man allenfalls einige schwache Seitensprosse belassen.

Kopulationen in der Krone. Der zweite Vogelkirschensämling ist ein Jahr älter; er hat in 180 cm Höhe 3 geeignete Seitentriebe gebildet, die veredelt zu Kronenästen entwickelt werden können. Es ist beabsichtigt, eine alte, von Ihrer Familie aber sehr geschätzte Kirschensorte zu veredeln, weil diese von keiner Baumschule angeboten wird. Da an dem alten, abgängigen Kirschbaum im vergangenen Frühjahr bei Sturm ein großer Ast abgebrochen ist, haben sich aus dem Stumpf einige kräftige Triebe entwickelt, die als Edelreiser zu gebrauchen sind.

In Gebieten mit milderen Wintern kann schon ab Februar, in anderen Gebieten ab März im Freien kopuliert werden. Vor dem Veredeln werden die Kronentriebe formiert, um gleiche Startbedingungen für die Pfropfreiser zu schaffen: zu steil stehende Sprosse müssen abgespreizt und zu flach wachsende hochgebunden werden, Konkurrenztriebe sind zu entfernen. Erst dann kann

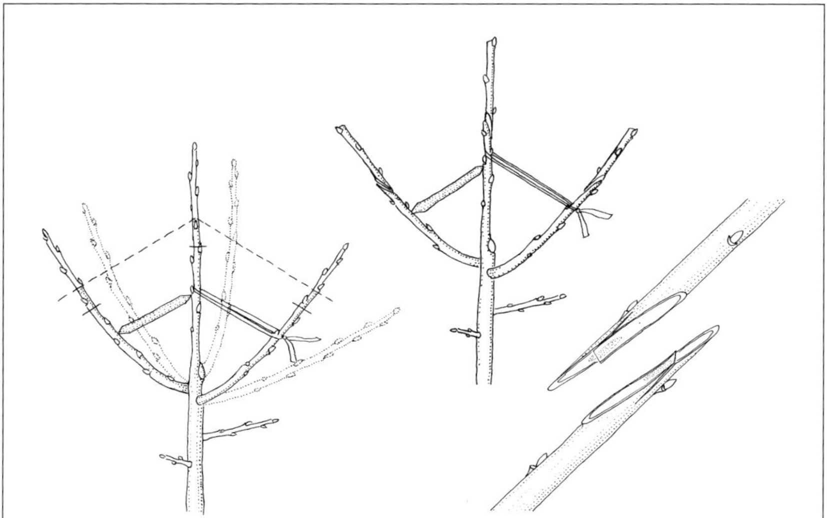

Kopulationen in der Krone (Seitenansicht mit 3 Trieben). Vor dem Abwerfen die Krone formieren: Konkurrenztrieb entfernen; zu steil stehende Triebe abspreizen; zu flach gewachsene hochbinden. Erst danach kann abgeworfen werden (Winkel etwa 120 Grad; Verschnittreserve nicht vergessen). Vor dem Veredeln Spreizhölzer und andere Formierhilfen vorübergehend entfernen, damit ein ungehindertes Hantieren möglich ist. In der Regel werden Reiser mit 3 Knospen gepfropft (Mitte). Die Kopulation mit Gegenzungen vereinfacht die Handgriffe beim Kopulieren (rechts).

der Rückschnitt der Triebe im Winkel von etwa 120 Grad plus „Verschnittreserve“ erfolgen.

Bevor an den Kronentrieben die Kopulationsschnitte vorgenommen werden, entfernt man vorübergehend die Spreizhölzer. Die Edelreiser, die auf die Kronentriebe kopuliert werden müssen, erhalten wiederum 2 bis 3 Knospen bzw. 4 bis 5. Nach dem Verbinden und Verstreichen werden die Spreizhölzer wieder eingespannt. Die Behandlung der Seitentriebe am Stamm ist bereits erwähnt worden.

Wegen des oft unbefriedigenden Triebwachstums beim Kopulieren frisch gepflanzter Bäume gehen erfahrene Praktiker einen anderen Weg: Sie formieren zwar die Kronentriebe der hochgezogenen Unterlage oder des Gerüstbildners, doch unterbleibt ein Rückschnitt. Die Einwurzelung soll dadurch begünstigt werden. Im folgenden Frühjahr (bei Herbstpflanzung im übernächsten Frühjahr) kopuliert man die nun zweijährigen, nicht wesentlich verdickten Sprosse. In diesem Fall können die Edelreiser länger sein: 4 bis 5 Knospen. Die am Standort bereits eingewachsene Unterlage verhilft zu einer zufriedenstellenden Triebleistung.

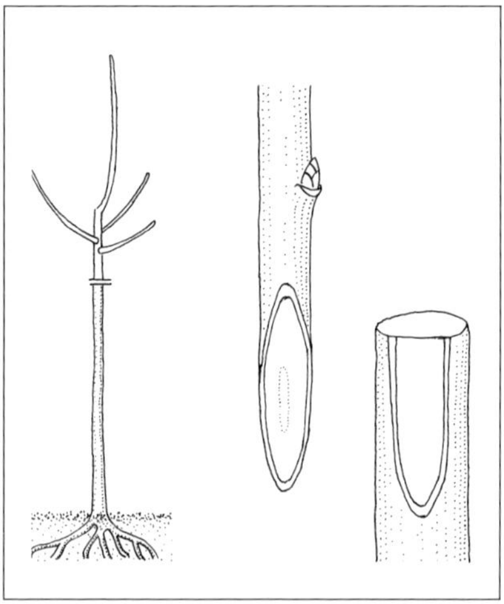

Wenn Unterlagen stärker als die Edelreiser sind, kann z. B. das Anschäften angewendet werden. In diesem Fall das Stämmchen eines Apfelwildlings in 50 cm Höhe abwerfen und glattschneiden; dann an einem möglichst starken Edelreis einen etwas kürzeren Kopulationsschnitt (Reisdurchmesser × 4) und an der Unterlage einen entsprechenden seitlichen Schnitt ausführen.

Das Anschäften

Wenn Unterlagentriebe zum Kopulieren zu stark sind, sollte angeschäftet werden. Eine Unterlage kann dann als zu stark für das Kopulieren gelten, wenn das aufgelegte Reis weniger als 50% der Unterlagenschnittfläche bedeckt. Diese Veredlungsmethode kann im Januar und Februar bei Winterhandveredlungen oder ab Februar bis Mai bei Freilandveredlungen angewendet werden. Bei manchen Sommerveredlungen (z. B. beim Umpfropfen junger Süßkirschenbäume) wird im August angeschäftet.

Im Vergleich zur Kopulation wird an der stärkeren Unterlage ein etwas abweichender Schnitt ausgeführt. Zur Unterweisung soll ein mehrjähriger Apfelsämling aus eigenem Bestand dienen, auf dessen fingerstarkes Stämmchen in etwa 50 cm Höhe ein Reis einer Apfelsorte gepfropft werden soll. Dieses Stämmchen wird an der Veredlungsstelle mit der Schere waagrecht abgeschnitten. Die Schnittstelle sollte mit dem Kopuliermesser oder der Kopulierhippe glattgeschnitten werden.

Fertigen Sie nun an einem kräftigen Edelreis einen kürzeren Kopulationsschnitt (Reisstärke × 4) als bei der

Beim Anschäften eines schwächeren Reises müssen die Kambien der beiden Partner einseitig aufeinandergefügt werden.

Faustregel angegeben. Bei längerem Schnitt würde der Anschnitt am Edelreis weit über die Abwurfebene der Unterlage hinausragen, was zu Gefährdungen des Reises führen kann.

An Hand dieses Kopulationsschnittes wird nun seitlich an der Unterlage ein Anschnitt vorgenommen, der etwa dreiviertel so lang und gleich breit wie der Schnitt am Reis ist. Vom Kopulationsschnitt am Reis ist demzufolge 1 cm über der Abwurfebene der Unterlage sichtbar. Dann müssen Sie mit Bast oder Gummifäden von oben nach unten verbinden, wobei die untere Reisknospe ausgespart werden sollte.

Fällt der seitliche Anschnitt an der Unterlage jedoch breiter aus als der Kopulationsschnitt am Edelreis, so müssen die Kambien auf der Seite aufeinandergefügt werden, auf der sie den besten Kontakt bekommen. Das links am Unterlagenschnitt plazierte Reis muß in Uhrzeigerrichtung, das rechts angelegte Reis in umgekehrter Richtung verbunden werden. Zuletzt sind die Veredlungsstellen zu verstreichen.

Wie beim Kopulieren sind Gegenzungenschnitte auch für das Anschäften eindeutige Verbesserungen. Den Spalt in die stärkere Unterlage zu schneiden erreichen Sie am besten dadurch, daß die rechtwinklig zur Sproßachse auf den Kopulationsschnitt aufgesetzte Schneide unter Druck abwechselnd nach links und rechts gewiegt wird.

Das Anschäften kann bei stärkeren Unterlagen in Bodennähe oder bei Stämmchen in Kronenhöhe vorgenommen werden. Dies geschieht in der Regel im Frühjahr. Bei Stammveredlungen im Sommer verliert die Unterlage meistens sämtliche beblätterten Sprosse der Krone. Dieser radikale Eingriff zum blattlosen Zustand kann zu Verwachsungsschwierigkeiten, zu einem Mangel an Reservestoffen und in der Folge zum Frosttod führen. Das Risiko derartiger Sommerveredlungen wird vermindert, wenn der Unterlagenstamm noch ausreichend mit beblättertem Seitenholz garniert ist.

Alles was sich kopulieren läßt, kann bei stärkeren Unterlagen angeschäftet werden. So werden beispielsweise in Baumschulen *Ribes*-Ruten, die stärker als die Johannisbeer- und Stachelbeerreiser sind, in Kronenhöhe angeschäftet (Winterhandveredlungen).

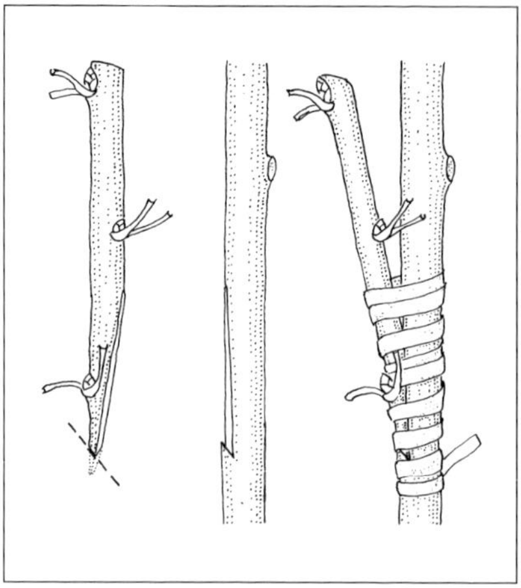

Das Anplatten eines Johannisbeer-Reises an eine Ribes-Unterlage im Juli oder August. Links: Kopulationsschnitt mit keilförmig zugeschnittener Spitze unten am entblätterten Reis. Mitte: an der zuvor „freigestellten" Veredlungsstelle einen entsprechenden Ausschnitt an der Unterlage fertigen. Rechts: eingepaßtes und verbundenes Reis.

Das Anplatten

Wer im Sommer eine *Ribes*-Rute, die stammbildende Unterlage für Johannis- und Stachelbeeren, veredeln will, kann dies durch „Anplatten" eines diesjährigen Sortenreises der jeweiligen Art tun. Dabei geht man wie folgt vor.

Etwa 3 bis 4 Wochen vor dem Veredlungstermin (ab der zweiten Julihälfte und im August) müssen an der beabsichtigten Veredlungsstelle alle Seitentriebe weggeschnitten werden. (Zum Veredeln sollte die Unterlage dort etwas stärker als das anzuplattende Reis sein.) Wenige Tage vor dem Veredeln werden allen Seitentrieben die Spitzen abgeschnitten: sie werden entspitzt oder fachmännisch ausgedrückt pinziert.

Das Sommerreis wird kurz vor dem Veredeln von der zu vermehrenden Sorte geschnitten. Dazu eignen sich Konkurrenztriebe oder an der Sproßoberseite gewachsene Triebe. Von der Mutterpflanze losgelöste Reiser müssen unverzüglich entblättert werden. Dabei bleiben nur kurze Blattstielstummel stehen. An Stachelbeerreisern werden außerdem die Stacheln mit einer Schere abgezwickt. Dann führen Sie am Reis einen ausreichend langen Kopulationsschnitt unter Beachtung des gegenüberliegenden Auges aus. Die Zungenspitze am Ende des Kopulationsschnittes schneidet man schräg nach unten weg (siehe oben). Die Reislänge ergibt sich aus den notwendigen 3 bis 5 Augen.

Nun wird die *Ribes*-Unterlage in Kronenhöhe zunächst mit einem leicht schräg nach unten verlaufenden Einschnitt bis ins äußere Holz versehen.

Darauf folgt ein in der Länge dem Schnitt am Reis entsprechender Anplattungsschnitt von oben nach unten zum schrägen Einschnitt hin. Dieser Schnitt soll aber nicht bis zum Mark der Unterlage vordringen.

Passen Sie anschließend das Edelreis in den Unterlagenausschnitt ein. Dann wird mit Bast oder einem Gummifaden von oben nach unten verbunden. Das unterste Auge am Reis soll dabei frei bleiben. Abschließend ist die Veredlungsstelle mit einem Veredlungsmittel zu verstreichen. Nach etwa 3 bis 4 Wochen muß der Verband zum ersten Mal auf Einschnürungen kontrolliert werden.

In Baumschulen wird das Anplatten bei Unterglas-Veredlungen von Tanne, Fichte und Kiefer angewandt. Die mehrjährigen, in der Regel in Töpfen eingewurzelten Unterlagen müssen stärker als die Edelreiser sein. Bei Winterveredlungen werden sie vor dem Veredeln angetrieben. Fichten kann man auch im Sommer anplatten und in einem mit Fenstern und Folie abgedeckten kalten Kasten zum Verwachsen bringen.

Das Geißfußpfropfen

Wenn für eine Veredlungsmethode spezielles Werkzeug hergestellt wird, deutet dies auf besondere Schwierigkeiten hin. Bei der risikoreichen Walnuß-Freilandveredlung versucht man das unsichere Anwachsen eines Auges zu verbessern, indem mit Hilfe eines Doppelmessers ein breiter Ring aus der Rinde geschnitten und übertragen wird. Für das Geißfußpfropfen sind Geißfußmesser und -scheren dagegen aus technischen Gründen entwickelt worden. Sie sollten die unterschiedlichen Zuschnitte am Reis und an der Unterlage einheitlich gestalten. Diese Spezialmesser und -scheren haben sich im Gegensatz zum Doppelmesser nicht durchgesetzt; sie sind im Fachhandel auch nicht mehr erhältlich.

Das Geißfußpfropfen ist darum eine Veredlungsmethode für Fortgeschrittene und für den Fachmann. Damit werden in Baumschulen Unterlagen veredelt, die eindeutig stärker als die Edelreiser sind. Das geschieht im Winter (Januar und Februar) bei Handveredlungen ebenso wie bei den ab Februar durchgeführten Freilandveredlungen. Dabei werden Pfropfungen in Bodennähe und in Kronenhöhe ausgeführt.

Das Geißfußpfropfen erfordert sehr viel Übung. Ich empfehle Ihnen, sich

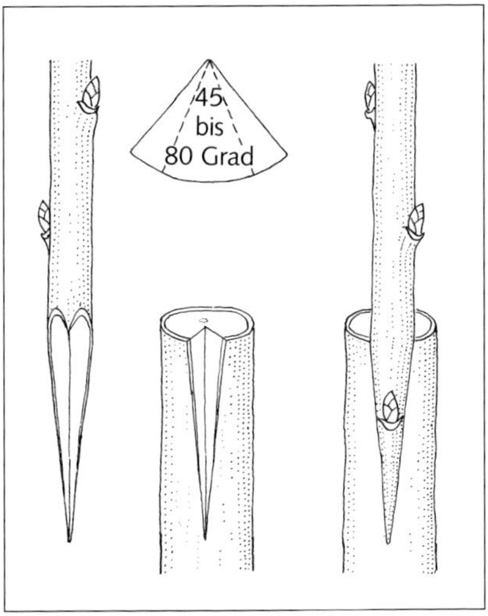

Geißfußpfropfen bei stärkeren Unterlagen. Links: keilförmiger Zuschnitt am Edelreis durch 2 gleichlange Kopulationsschnitte; die Winkel der beiden Schnittflächen können zwischen 45 und 80 Grad liegen. Mitte: entsprechender keilförmiger Ausschnitt aus der Unterlage. Rechts: Die beiden Zuschnitte sind gelungen, wenn das Reis in der Unterlage verkeilt werden kann und sich Kambium auf Kambium befindet.

etwa 15 bis 20 cm lange und 2 bis 3 cm dicke Sproßabschnitte von Schnittholz zuzuschneiden. Es wird dann jeweils ein Sproßstück in den Schraubstock eingespannt, an dem Sie den Geißfuß üben können.

Das Edelreis wird folgendermaßen zugeschnitten: Unter Beachtung der untersten Reisknospe fertigt man einen Kopulationsschnitt; dann muß das Reis ein knappes Viertel zum Körper hin gedreht werden; auf gleicher Höhe des ersten Kopulationsschnittes wird nun ein zweiter ausgeführt. Die beiden Schnittflächen können Winkel zwischen 45 und 80 Grad bilden. Auf der Rückseite dieses keilförmigen Geißfußschnittes sollte in halber Höhe eine Knospe vorhanden sein.

Die Unterlage wird in Bodennähe oder in Kronenhöhe abgeworfen, d. h., der Sproß muß an dieser Stelle durchgeschnitten werden. Die Schnittstelle ist glattzuschneiden. Nun kommt der schwierigste Teil: Es muß ein etwas kürzerer (gemessen am Reiszuschnitt), keilförmiger Ausschnitt seitlich in die Unterlage gefertigt werden, der dem Reiswinkel entspricht. Bei den beiden hierfür erforderlichen Schnitten legt man die Schneide des Kopuliermessers oder der Kopulierhippe seitlich auf die Rinde in Schnittrichtung an und zieht das Messer beim Einschneiden gleichzeitig nach oben. Im Gegensatz zum „ziehend" auszuführenden Kopulationsschnitt muß der Geißfuß eher „in einem Ruck" geschnitten werden. Sollte dabei ein Schnitt bis zur Gegenseite durchlaufen, ist dies kein Unglück, wenn ein fester Verband angelegt wird.

Der Zuschnitt der beiden Partner ist gelungen, wenn das in den Geißfuß der Unterlage eingesetzte Reis nicht herausfällt und Kambium auf Kambium liegt. Dabei sollten außerdem die beiden Schnittansatzstellen am Reis die Abwurfebene der Unterlage etwa 5 mm überragen. Bei frühen Veredlungen (Februar bis Anfang März) muß mit Bast, bei späteren kann auch mit Gummifäden verbunden werden. Ein Wundverschluß ist erforderlich.

Bei bodennahen Veredlungen, z. B. beim Nachveredeln nicht angewachsener Okulationen, werden Reiser mit 2 bis 3 Knospen verwendet, bei Veredlungen in Kronenhöhe solche mit 4 bis 6 Knospen.

Wer mit dieser handwerklich doch recht anspruchsvollen Methode nicht zurechtkommt, kann dieselben Veredlungen mittels Anplatten ausführen.

Das seitliche Spaltpfropfen

Das Pfropfen in den Spalt gehört zu den ältesten Reiserveredlungsverfahren und war, wie es der Großherzoglich Sächsische Hofgärtner Jäger vor 125 Jahren einschätzte, „von entschiedenem Werthe, so viel man auch dagegen sein mag, besonders bei Kernobst". Bei diesen Veredlungen wurde ein Pfropfeisen mit einem Hammer ins Holz geschlagen, damit ein halber oder ganzer Spalt entstand, in den die zugeschnittenen Reiser eingeschoben worden sind. Als Zeitpunkt für dieses ziemlich gewalttätige Pfropfverfahren ist in alten Büchern Februar bis April und August und September angegeben.

Das glücklicherweise von anderen holzschonenden Veredlungsmethoden abgelöste Spaltpfropfen kann nur noch ausnahmsweise empfohlen werden: wenn Sie sehr schwache Winterreiser durch eine frühe Veredlung (in einen kleinen Pfropfkopf) vor dem Vertrocknen retten wollen oder wenn ein Hobbyveredler mit dem Geißfußpfropfen

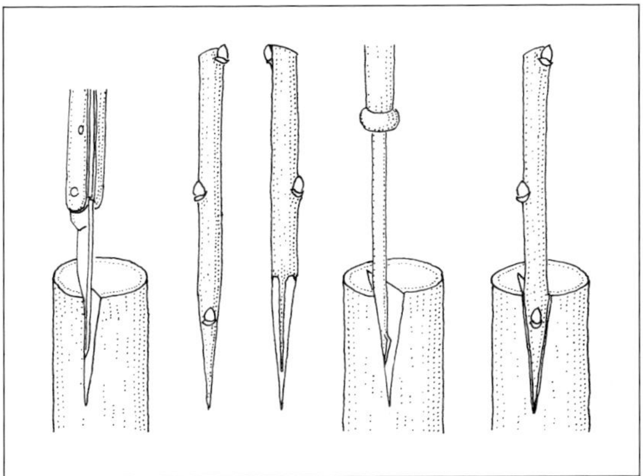

Seitliches Spaltpfropfen. Von links nach rechts: In den glattgeschnittenen Pfropfkopf einen seitlichen Spalt schneiden. Das Edelreis erhält zwei gleichlange, spitzwinklig zueinander stehende Kopulationsschnitte. Zum Einschieben des Edelreises den Spalt durch Einführen eines Schraubenziehers vorübergehend erweitern. Nach dem Herausziehen des Schraubenziehers sitzt das Reis fest im Spalt.

nicht zurechtkommt. In der Baumschule wird das Spaltpfropfen heute noch bei der Veredlung von z.B. der Jungfernrebe *(Parthenocissus)* oder dem Eibisch *(Hibiscus)* angewendet.

In die abgeworfene und glattgeschnittene Unterlage muß ein seitlicher Einschnitt (kein Durchschnitt!) erfolgen. Dazu hält man die Schneide des Kopuliermessers in Schnittrichtung und zieht das Messer ruckartig nach oben: es ist ein seitlicher Spalt entstanden.

Am Edelreis werden 2 gleichlange, in spitzem Winkel zueinander stehende Kopulationsschnitte hergestellt. Auf dem nach außen zu plazierenden Reiskeil soll etwa in der Mitte der Schnitte eine Knospe stehen. Das Einschieben des Reises kann dadurch erleichtert werden, daß der Spalt mit einem Schraubenzieher auseinander gedrückt wird. Es ist wichtig, darauf zu achten, daß die Kambien von Unterlage und Edelreis aufeinanderliegen. Es wäre deshalb nicht zweckmäßig, schwache Reiser in große, starkrindige Pfropfköpfe einzusetzen, weil die Kontrolle schwierig ist, ob ein Kambiumkontakt erzielt werden konnte.

Wenn der Spalt wie beschrieben ausgeführt wurde, muß das Edelreis nach dem Herausziehen des Schraubenziehers im Pfropfkopf fest verspannt sitzen. Es wird dann, ohne einen Verband anzulegen, verstrichen. Sitzt das Reis dagegen nicht fest in der Unterlage, muß ein Verband aus Bast oder stabilem Gummiband angelegt werden. Einen Bastverband sollte man verstreichen. Wenn Gummibänder „auf Stoß" gebunden wurden, entfällt der seitliche Wundverschluß.

Mit dem Seitlichen Spaltpfropfen sind beim Veredeln junger Kirschbäume an frostfreien Tagen ab Januar bis Ende Februar sehr gute Erfahrungen gemacht worden. Ungeübte können diese Methode leichter lernen als das Geißfußpfropfen.

Rindenpfropfmethoden

Bei den bisher besprochenen Reiserveredlungen ist das Kambium der beiden zu vereinigenden Partner durch entsprechende Schnitte so freigelegt worden, daß die schmalen Verwachsungsbänder insgesamt oder in wesentlichen Abschnitten aufeinanderpassen. Bei den Rindenpfropfmethoden ändert sich beim Zuschnitt der Edelreiser nichts, doch an der Unterlage Wesentliches: Das Kambium wird durch Anheben der Rinde auf breiter Fläche sowohl auf dem Holz als auch auf der Innenseite der Rinde verfügbar gemacht (siehe Seite 13). In den entstandenen Spalt wird das Reis eingeschoben: es wird „hinter die Rinde" gepfropft. Dieses Loslösen der Rinde ist aber erst ab April möglich, wenn sich die auf Zellteilung eingestellte Kambiumschicht auseinanderreißen läßt.

Rindenpfropfungen sind nicht nur mit Winterreisern im April und Mai, sondern auch im Sommer (ab Ende Juli bis Anfang September) mit Sommerreisern möglich. Wenn aber Sommerpfropfungen erfolgreich verlaufen, ist der Einwand berechtigt, warum dann immer noch Frühjahrsveredlungen mit den beim Anwachsen unsicheren, weil lange gelagerten Winterreisern durchgeführt werden. Obwohl es bei ausgereiften Sommerreisern fast keine Ausfälle beim Anwachsen gibt, muß doch die Schattenseite dieses Zeitpunktes erwähnt werden: auf mögliche Folgeschäden durch Holzfrost insbesondere bei umgepfropften Bäumen. Denn durch die erforderlichen Astamputationen beim Abwerfen im Sommer wird nicht nur der Speicherraum für Reservestoffe erheblich verkleinert, es wird vor allem die Einlagerung dieser lebenswichtigen Stoffe unterbunden.

Rindenpfropfmethoden werden häufig dann angewendet, wenn eine im Bestand aus irgendwelchen Gründen unbefriedigende Sorte durch eine andere ersetzt werden soll. Dabei dient die alte, bereits kombinierte Sorte als Unterlage für die neue. Eine solche Umpfropfung mit Reisern kann bei Pfirsich- und Aprikosenbäumen nicht vorgenommen werden. Bei diesen beiden Obstarten wird empfohlen, junge Sprosse zu okulieren.

Von den verschiedenen Obstarten können nicht nur die Fruchtsorten, sondern auch die Zierformen auf entsprechende Unterlagen gepfropft werden. Beispielsweise können Sie auf einen hochgradig schorfempfindlichen Apfelbaum eine Zierapfelsorte oder auf einen fast jährlich stark vermadeten Kirschbaum eine Zierkirsche pfropfen. Auch Flieder läßt sich pfropfen: entweder im Frühjahr oder im August.

In der Baumschule werden Rindenpfropfungen – ausgenommen das Seitliche Einspitzen – nur gelegentlich durchgeführt, z. B. beim Veredeln von Birken, Eschen, Ulmen oder Robinien.

Das Seitliche Einspitzen

Dieser Begriff steht für zwei unterschiedliche Pfropfmethoden. Beiden ist gemeinsam, daß die Edelsorten seitlich am Unterlagensproß hinter die sich lösende Rinde veredelt werden. Doch deren Zuschnitt ist verschieden. Im folgenden wird beschrieben, worin sich die beiden Methoden unterscheiden.

In den vierziger Jahren ist in einem Fachbuch über die Veredlung und in einem anderen über die Obstbaumschule ein Seitliches Einspitzen erläutert, das sich zur Veredlung von Stachelbeer- und Johannisbeerstämmen im Frühjahr und Sommer eignet. Voraussetzung für die Anwendung ist, daß die Rinde löst, weil ein Reis zwischen die Rinde und das Holz der Unterlage eingeschoben werden muß. Dafür wird, wie beim Okulieren, ein T-Schnitt gefertigt und die bei-

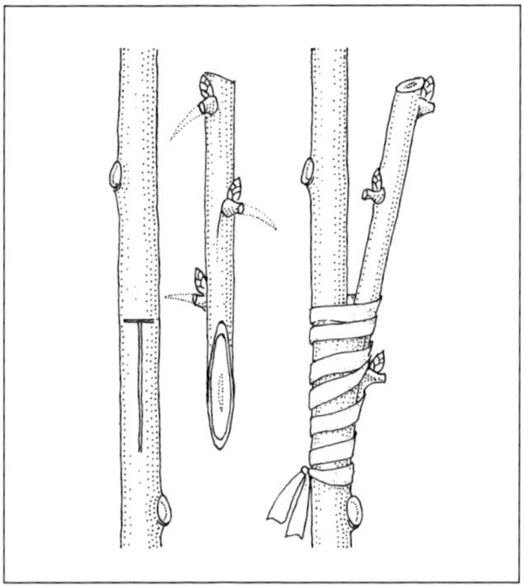

Seitliches Einspitzen beim Veredeln von Ribes-Unterlagen für Beerenobststämme. Wenn die Rinde löst, in die Unterlage einen etwa 3 cm langen T-Schnitt fertigen. In die durch Anheben der Rindenflügel entstandene Tasche ein mit einem Kopulationsschnitt versehenes Stachelbeerreis mit 4 bis 5 Augen oder ein Johannisbeerreis mit 3 Augen einschieben. Diese Methode kann ab Mitte Juli und im August mit Sommerreisern oder im Frühjahr mit Winterreisern durchgeführt werden.

den Rindenflügel angehoben. Das Verfahren kann sowohl im Frühjahr mit Winterreisern als auch im Sommer (zweite Julihälfte und August) mit Sommerreisern angewendet werden.

In Beerenobstbaumschulen wird dieses Seitliche Einspitzen heute kaum mehr praktiziert. Es wurde durch das die Anzucht vereinfachende Kopulieren oder Anschäften abgelöst. Für den Hobbyveredler ist es jedoch reizvoll, auch dieses Veredlungsverfahren einmal auszuprobieren.

Die Baumwarte und Obstbauern haben sich diese Methode in verschiedener Hinsicht zunutze gemacht: Sie wenden das Seitliche Einspitzen beim Einveredeln von „Ammen", beim Überbrücken von Wunden und zur Garnierung kahler Astpartien in Obstbaumkronen an. Darüber erfahren Sie mehr auf den Seiten 105 bis 108.

Das vom Baumschuler ausgeübte Seitliche Einspitzen unterscheidet sich zum vorherigen sowohl vom Zeitpunkt her als auch durch die Technik. Diese Veredlungsart wird vor allem bei Unterglas-Veredlungen im Spätwinter bis Frühjahr (Februar bis April), aber auch im Sommer (August bis September) ausgeführt, wenn feintriebige Laub- und Nadelgehölze eingespitzt werden sollen. Die eingetopften Unterlagen für die Winterveredlungen werden vor dem Veredeln

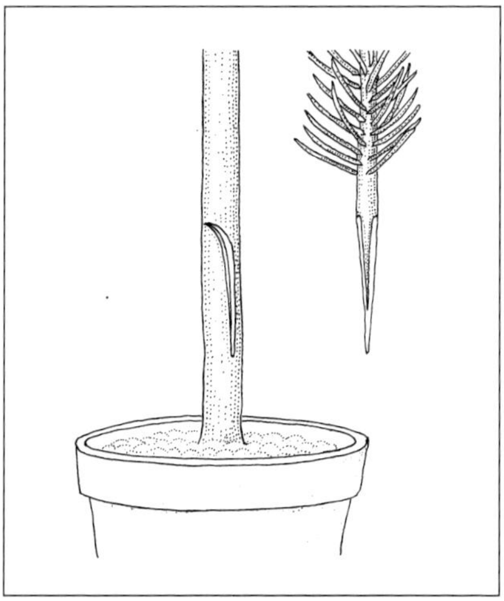

Seitliches Einspitzen beim Veredeln von Nadelgehölzen und feintriebigen Laubgehölzen. Durch einen seitlichen Einschnitt in die (z.T. angetriebenen) Unterlagen die Rinde vom Holz lösen und dabei Kambium freilegen. In diesen Spalt das keilförmig zugeschnittene Reis einschieben.

angetrieben, damit durch einen von der Seite her angesetzten Einschnitt die Rinde vom Kambium getrennt werden kann. In diesen Spalt schiebt der Veredler das keilförmig zugeschnittene Reis mit einem Auge oder mit mehreren Augen bzw. die zugeschnittene Triebspitze (z. B. eines Nadelgehölzes) ein. Zum Verbinden werden Gummifäden für Innenveredlungen verwendet.
Auf diese Art werden im Spätwinter beispielsweise bestimmte Birken *(Betula)*, Hartriegel *(Cornus)*, Buchen und Eichen *(Fagus* und *Quercus)*, Rhododendron, Tannen *(Abies)* und Fichten *(Picea)*, Scheinzypressen *(Chamaecyparis)*, Wacholder *(Juniperus)*, Kiefern *(Pinus)*, Eiben *(Taxus)* und Lebensbaum *(Thuja)* veredelt.

Die meisten dieser Pflanzenarten können auch im Sommer eingespitzt werden, aber eben auch nur unter Glas.

Text zu dieser Zeichnung Seite 85

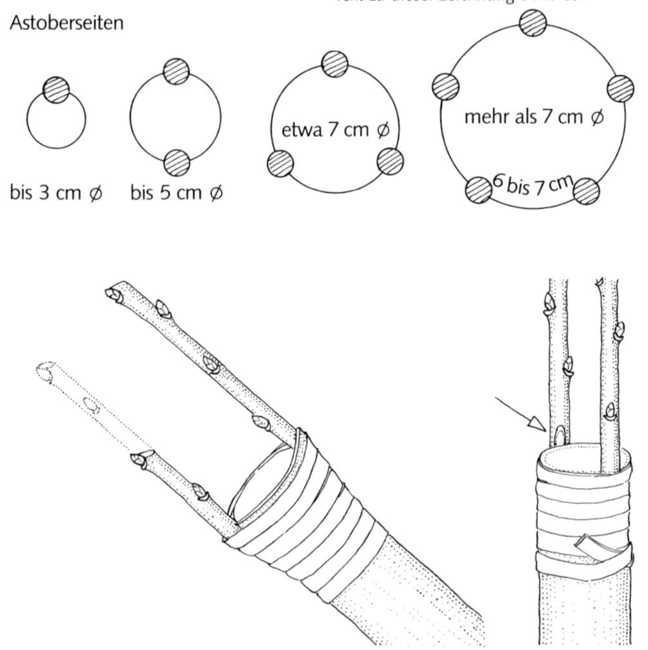

Oben: Position und Anzahl der Reiser in Pfropfköpfen. Die neuen Astverlängerungen werden jeweils aus den astoberseits eingesetzten Edelreisern erzogen. Links unten: Die Reiser sollten mit 4 bis 6 Knospen ausgestattet sein. Für die Wundüberwallung zusätzlich gepfropfte Reiser können gleichlang oder kürzer sein. Unten rechts: Beim Einschieben der Reiser darauf achten, daß auf der Reis-Innenseite mindestens 5 mm (bis 1 cm) vom Kopulationsschnitt zu sehen sind. Von dort aus bildet sich Wundgewebe, das zur raschen Überwallung der Kopfwunde beiträgt.

Rindenpfropfmethoden für Umpfropfungen
Die folgenden Rindenpfropfmethoden sind speziell für das Umpfropfen von Obstbäumen entwickelt worden. Da sich die Vorbereitungen an den Pfropfköpfen und der Veredlungsablauf bei den verschiedenen Verfahren im wesentlichen nicht unterscheiden, sind diesem Abschnitt diesbezügliche Regeln vorangestellt, die vor der Anwendung einer Rindenpfropfmethode beachtet werden müssen.

Allgemein gültige Regeln für Pfropfkopf-Arbeiten beim Rindenpfropfen:
Die Pfropfkopf-Positionen. Beim Nachsägen der abgeworfenen Kronen soll sich der einzelne Pfropfkopf zwar im Abwurfwinkel befinden, doch wichtiger ist, die Pfropfkopfebene so zu wählen, daß sich darunter ein gerade verlaufendes Aststück mit gesunder Rinde befindet. Astbiegungen sind als Pfropfstellen ungeeignet.
Das Pfropfkopf-Umfeld. Unterhalb des Pfropfkopfes sind auf einer Länge von 15 bis 20 cm keine größeren Wunden erwünscht. Dies trifft auch für seitliche Verzweigungen zu, die beim erforderlichen Wegschnitt Wunden hinterlassen. Für die Wundabschottung und die Wundüberwallung verbrauchen diese Verletzungen eine Menge Energie, die den Pfropfreisern in ihrer Entwicklung fehlt. Es ist vernünftiger, den Pfropfkopf unterhalb derartiger Wunden anzulegen, auch wenn der Ast dabei im Vergleich zu anderen Ästen etwas kürzer wird.
Der rechtwinklige Zuschnitt. Der Sägeschnitt am Pfropfkopf unmittelbar vor dem Veredeln muß absolut rechtwinklig zur Astachse ausgeführt werden. An eine schräge Pfropfkopfebene läßt sich kein fachmännischer Verband anlegen.

Beim Glattschneiden eines Pfropfkopfes muß das Abschrägen der Rinde vermieden werden!

Das Glattschneiden des Pfropfkopfes. Wenn durch grobzähnige Sägeblätter die Rinde ausgefranst wurde, ist es zweckmäßig, diese „Stoppeln" mit einem flach gehaltenen Messer (Kopulierhippe oder -messer) rundum wegzuschneiden. Die Rinde darf dabei nicht abgeschrägt werden, sonst würde die Wundüberwallung erschwert.
Das Einschieben der Reiser. Bei allen Umpfropfmethoden muß an jedem Reis der Anfang des zum Holz gerichteten Kopulationsschnittes wenigstens 5 mm (bis 1 cm) über der Pfropfkopfebene sichtbar sein. Denn von diesen kleinen Wundstellen aus bildet sich reichlich

Den Anfang des Bastverbandes unmittelbar unter der Pfropfkopfebene zweimal straff überbinden.

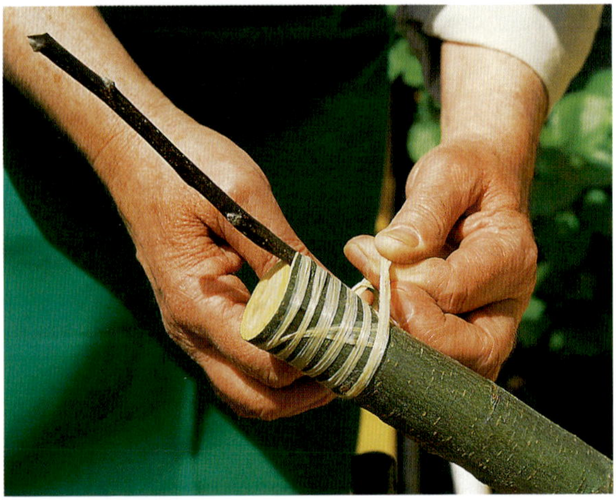

Sicherung des Verband-Endes: Die Finger der linken Hand ziehen die letzte Bindungsbahn vom Holz weg, damit eine Doppelschleife geschlungen werden kann.

Die Doppelschleife in Binderichtung fest anziehen; etwa 4 cm nach der Doppelschleife den Bastfaden abschneiden.

Wundgewebe, das zur Verwachsung der Kopfwunde beiträgt.

Die Reiserzahl pro Pfropfkopf. Diejenigen Edelreiser, aus denen sich die neuen Astverlängerungen bilden sollen, werden wie folgt in die Pfropfköpfe eingesetzt: an der Stammverlängerung in die dem Wind zugekehrte Seite; bei allen übrigen Leit- und Fruchtästen auf die Oberseite (siehe Abb. Seite 82).

Die unterschiedlich dicken Pfropfköpfe „spickt" man wie folgt: bis 3 cm Durchmesser mit einem Edelreis, bis 5 cm Durchmesser mit 2 Reisern, bei etwa 7 cm Durchmesser mit 3 Reisern. Bei größeren Pfropfköpfen sollten Sie einen Abstand von Reis zu Reis von nicht mehr als 6 bis 7 cm einhalten. Wenn größere Abstände zwischen den Reisern gewählt werden, besteht die Gefahr, daß die Rinde dazwischen girlandenartig zurücktrocknet. Das aber gefährdet die Edelreiser. Die „zuviel" eingesetzten Reiser sollen in erster Linie die Rinde am Pfropfkopf rundherum gesund erhalten und außerdem helfen, die Kopfwunde zu überwallen.

Die Reiserlänge und Knospenstellung. An Pfropfköpfen oberseits veredelte Reiser sollten 4 bis 6 Knospen lang sein. Zusätzlich eingesetzte Reiser, die vor allem der Wundüberwallung dienen, sind kürzer (2 bis 3 Knospen). Bei der Stammverlängerung muß die oberste Knospe in Windrichtung stehen und bei Leit- und Fruchtästen nach außen (bei waagrechten Ästen nach unten) gerichtet sein.

Pfropfkopf-Verbände. Zum Verbinden der Veredlungen sind verschiedene Materialien geeignet. Für kleinere Pfropfköpfe ist Natur- oder Kunstbast günstig. Für größere Pfropfköpfe ist Naturbast oft zu kurzfädig. Ein kräftiger Kunstbast von der Rolle ist dann besser geeignet.

Ein mit einem Gummiband verbundener Pfropfkopf. Das Ende des Bandes einmal umschlagen und mit einem Drahtstift im Holz befestigen. Bei Gummibindungen „auf Stoß" ist das Verstreichen mit einem Veredlungsmittel an den Seiten nicht erforderlich.

Beim Anlegen des Bastverbandes drückt man den Anfang des Bastfadens so mit den Fingern der linken Hand gegen den Pfropfkopf, daß dieser mit den ersten beiden Bahnen überbunden wird. Dann preßt man mit dem spiralig abwärts geführten, straff gehaltenen Bast die losgelöste Rinde und die Reiser gegen das Holz. Wenn der Verband den oder die unteren Rindeneinschnitt(e) erreicht hat, wird das Verband-Ende unterhalb der Rindenschnitte auf folgende Weise gesichert: Mit den Fingern der linken Hand muß die straff gehaltene letzte Bastbahn von dem Ast oder Zweig abgehoben werden; mit der rechten Hand wird um den Pfropfkopf eine weitere Bastbahn geführt, die zweimal durch den angehobenen Bast zu schlingen ist; diese Doppelschleife muß der Veredler abschließend in Binderichtung fest anziehen. Achten Sie beim Verbinden darauf, daß an den Edelreisern die untersten Knospen nicht zugebunden und dadurch eventuell beschädigt werden.

Bei großen Pfropfköpfen können neben Kunstbast Gummibänder (z.B. „Elastofix"-Baumanbinder) mit Erfolg verwendet werden. Gummibänder müssen am Anfang des Verbandes nur einmal überbunden und an dessen Ende nur umgeschlagen und mit einem Drahtstift im Holz fixiert werden. Wenn diese Gummibänder „auf Stoß" oder überlappend abwärts gebunden werden, ist das seitliche Verstreichen der Verwundungen an den Pfropfköpfen und damit das Überstreichen der Gummibänder nicht erforderlich. Die nach dem Anwachsen der Edelreiser abgenommenen Gummibänder können weiterverwendet werden: entweder für neue Umpfropfungen oder aber zum Anbinden von Bäumen im Garten, wofür sie eigentlich hergestellt werden.

Wundverschluß am Pfropfkopf. Ein lückenloser Wundverschluß ist für den Veredlungserfolg von ausschlaggebender Bedeutung. Wenn Sie sich dafür von Anfang an ein bestimmtes Schema angewöhnen, wird nie ein Teil der Veredlung ohne den notwendigen Wundschutz bleiben (siehe Abb.). Gehen Sie wie folgt vor:

1. Verschließen der Schnittstelle über der obersten Knospe am Reis
2. Verschließen der Kopfwunde (Pfropfkopfebene) unter besonderer Beachtung der Öffnungen zwischen Rinde und Holz

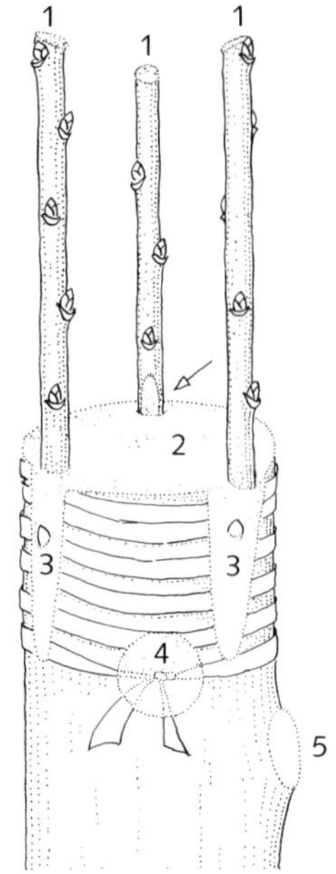

Wundverschluß am Pfropfkopf (Ziffern siehe Text).

3. Verschließen der seitlichen Rindeneinschnitte in den Pfropfkopf (nicht erforderlich bei dichtschließendem Gummiband-Verband)
4. Sichern der Bastfaser-Endschlinge durch einen Tupfer
5. Überstreichen eventuell vorhandener kleinerer Wunden im Pfropfkopfumfeld

Eine Kontrolle aller Pfropfköpfe nach einem Tag ist empfehlenswert!

Das Einfache Rindenpfropfen

Bei dieser Pfropfmethode wird dem mit einem Kopulationsschnitt versehenen Reis das Kambium der Unterlage durch einen seitlich am Pfropfkopf mit dem Kopuliermesser durchgeführten Schnitt zugänglich gemacht. Dieser achsenparallele Schnitt durch die Rinde sollte in der Länge dem Kopulationsschnitt am Reis entsprechen; er kann sogar eher kürzer ausfallen. Wenn die zuerst mit der Spitze und dann mit der übrigen Schneide in die Rinde gedrückte Klinge den Holzkörper erreicht hat, müssen Sie versuchen, die Rinde vom Holz zu lösen, indem Sie das Messer nach links und rechts verkanten und die Rinde gleichzeitig anheben. Das gelingt sehr leicht, wenn der Baum voll im Saft steht, ausreichende Bodenfeuchtigkeit vorhanden ist und warmes Wetter herrscht. Man muß dann sogar darauf achten, daß sich nicht zu viel Rinde löst, denn damit würde die Verwundung unnötig vergrößert. Lassen sich dagegen die beiden Rindenflügel nicht leicht vom Holz abheben, muß man versuchen, dies mit dem Löser am Messer oder einem aus Hartholz selbstgefertigten Löser zu erreichen.

In die entstandene Tasche wird das Edelreis dem Einschnitt entlang nach unten eingeschoben. Die Länge des Pfropfkopfeinschnittes und der Umfang der losgelösten Rinde stimmen, wenn beim Einschieben des Reises ein merklicher Widerstand zu spüren ist und das Reis ausreichend fest in der Tasche sitzt.

Verbinden und Verstreichen siehe „Allgemein gültige Regeln für Pfropfkopfarbeiten beim Rindenpfropfen" Seite 83.

Das Verbesserte Rindenpfropfen

Um das Edelreis hinter die Rinde eines Pfropfkopfes schieben zu können, werden beim Einfachen Rindenpfropfen 2 Rindenflügel vom Holz gelöst. Dabei entsteht eine nicht kleine Verwundung an jeder Veredlungsstelle, für die der

Oben: Beim Einfachen Rindenpfropfen die Rinde seitlich am Pfropfkopf mit dem Kopuliermesser bis zum Holz durchschneiden; dann versuchen, mit der Klinge die Rinde vom Holz zu lösen.
Unten: Das Edelreis entlang des Einschnittes hinter die Rinde schieben.

Baum neben dem Verwachsungsprozeß zusätzliche Energie mobilisieren muß. Es lag deshalb nahe, eine schonendere Pfropfmethode zu entwickeln. Beim Verbesserten Rindenpfropfen wird nur noch ein Rindenflügel gelöst.

Am seitlichen Einschnitt in die Rinde des Pfropfkopfes – beim Einfachen Rindenpfropfen bereits beschrieben – ändert sich nichts: er wird parallel zur Sproßachse mit dem Kopuliermesser ausgeführt. Rechtshänder lösen nun an einem oberseits vorgenommenen Einschnitt nur den linken Rindenflügel. Werden an einem Pfropfkopf weitere Reiser eingesetzt, so muß in Uhrzeigerrichtung ebenfalls jeweils die links von der Schneide liegende Rinde angehoben werden. Stellen Sie sich vor, daß ein derart vorbereiteter Pfropfkopf einem Schaufelrad gleicht. Dieses einheitliche Vorgehen beim Lösen der Rindenflügel ist wichtig. Denn wenn nach dem Einsetzen der Reiser rechtsherum verbunden wird, drücken die Bastbahnen alle gelösten Rindenflügel gegen die Reiser und gegen das Holz. Linkshänder müssen umgekehrt arbeiten: sie lösen jeweils die rechten Rindenflügel und binden entgegen der Uhrzeigerrichtung, also linksherum.

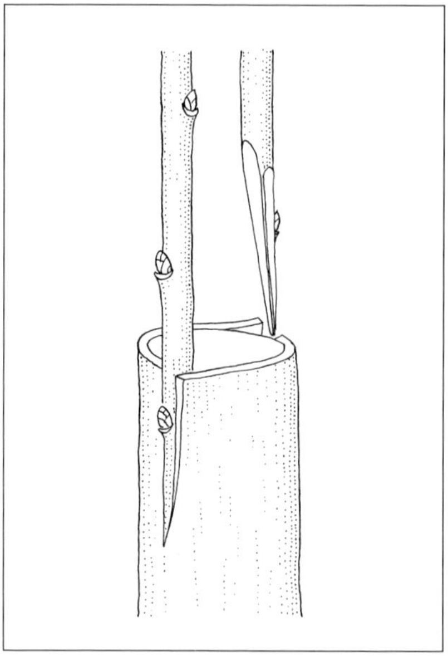

Verbessertes Rindenpfropfen. An der Unterlage nur einen Rindenflügel lösen; am Edelreis einen flachen Zusatzschnitt ausführen, der im rechten Winkel zum Grundschnitt steht. Diesen Zusatzschnitt an die nicht gelöste Rinde anlegen.

Eine zusätzliche kleine Verbesserung gegenüber dem Einfachen Rindenpfropfen wird durch einen zweiten Schnitt am Edelreis erreicht. Dieser rechtwinklig zum Grundschnitt angebrachte Zusatzschnitt ermöglicht es, daß das Reis an der nicht gelösten Rinde gut anliegt und dadurch einen insgesamt besseren Halt findet. Dieser Zusatzschnitt soll indes nur flach (bis ins Kambium) verlaufen.

Verbinden und Verstreichen der Pfropfköpfe siehe Seite 85.

Tittelpfropfen und Vereinfachtes Tittelpfropfen

Im Jahre 1916 hatte der sächsische Landwirt Tittel eine nach ihm benannte Pfropfmethode bekanntgemacht, die um einiges komplizierter als die bislang erläuterten Veredlungsverfahren ist, sich aber zum Pfropfen dickrindiger Obstbäume besonders gut eignet.

Beim originalen Tittelpfropfen wird das Edelreis mit einem nicht einfach auszuführenden „Sattelschnitt", außerdem mit zwei konisch verlaufenden seitlichen Schnitten und einem dritten Zusatzschnitt versehen, der dem Sattelschnitt gegenüberliegt. Bei den Einschnitten in die Rinde ist der konische

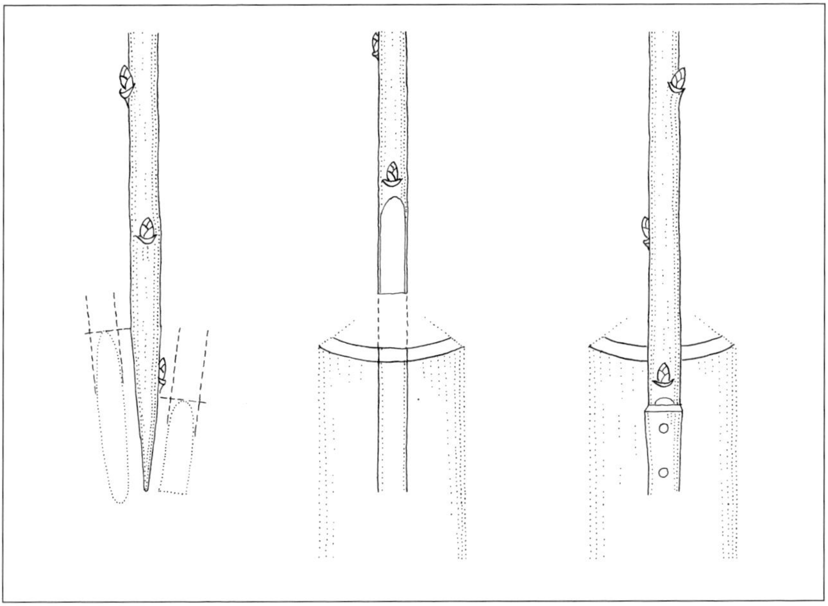

Vereinfachtes Tittelpfropfen. Links: Kopulationsschnitt am Reis, bei dem sich die gegenüberliegende Knospe im oberen Drittel des Schnittes befindet. Unterhalb dieser Knospe einen zweiten, kürzeren Kopulationsschnitt keilförmig nach unten durchführen. Mitte: in die Rinde 2 achsenparallele Einschnitte in Reisbreite vornehmen; die dabei entstandene „Zunge" anheben. Rechts: Nachdem das Reis eingeschoben wurde, die „Zunge" so verkürzen, daß der Anschnitt des nach außen gerichteten Zusatzschnittes sichtbar ist; dann verbinden. Die Rindenzunge kann aber auch mit 2 Drahtstiften (durch das Reis hindurch) angenagelt werden.

Verlauf der seitlichen Zusatzschnitte am Reis zu beachten.

Da diese Methode sich nicht nur für das Umpfropfen älterer Bäume sehr gut eignet, sondern auch für Überbrückungen von Wunden und Einveredlungen von „Ammen", ist sie so vereinfacht worden, daß auch der Anfänger damit zurechtkommen kann.

Die Vereinfachungen. Am Edelreis wird kein Sattelschnitt, sondern ein einfacher Kopulationsschnitt gefertigt. Bei diesem Zuschnitt ist darauf zu achten, daß die der Schnittfläche gegenüberstehende Knospe im oberen Drittel plaziert wird. Denn unterhalb dieser Knospe muß ein zweiter kürzerer (doch möglichst langer) Kopulationsschnitt nach unten so ausgeführt werden, daß das Reis keilförmig zugeschnitten ist. Auf die beiden seitlichen Schnitte wird verzichtet.

Fertigen Sie nun seitlich in die Rinde des Pfropfkopfes einen achsenparallelen Schnitt und dann einen zweiten in dem Abstand, welcher der Breite des einzuschiebenden Reisteils entspricht. Beide Schnitte sollen zur Pfropfkopfmitte gerichtet sein. Wer hinsichtlich des

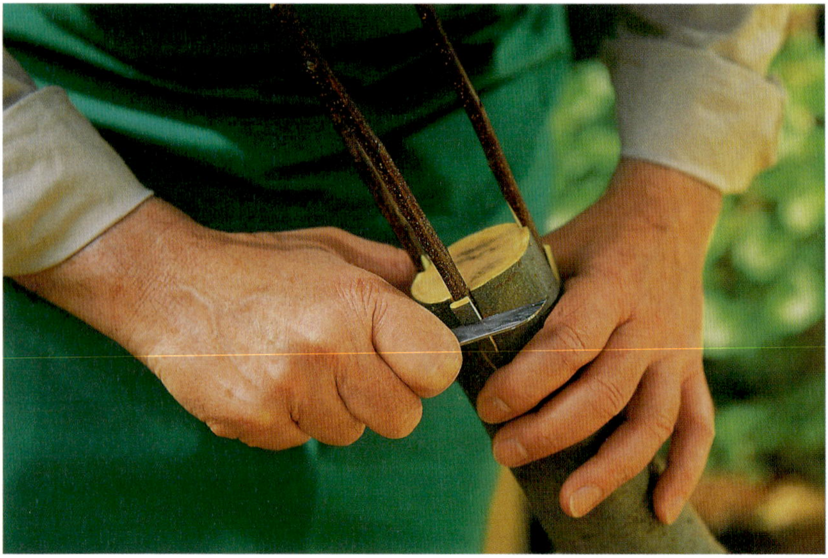

Verkürzung der „Zunge" in Höhe des nach außen gerichteten Zusatzschnittes.

Anstelle von Verbänden können bei größeren Pfropfköpfen Rinde und Reiser angenagelt werden.

Abstandes für den zweiten Schnitt sicher sein will, kann das zugeschnittene Reis an den ersten Schnitt anlegen und an der gegenüberliegenden Reisseite mit dem Messer Breite und Verlauf des zweiten Schnittes bestimmen. Der Rindenstreifen (die „Zunge") zwischen den beiden Schnitten wird mit einem zugeschnittenen Löser vom Holz gelöst, falls Ihnen dies mit der Messerklinge nicht gelingt. Dann schiebt man das Reis so weit ein, daß auf der Innenseite der Anschnitt des Kopulationsschnittes etwa 0,5 bis 1 cm über die Pfropfkopfebene ragt.

Das Edelreis soll fest im Rindenausschnitt sitzen. Der angehobene Rindenstreifen wird gegen das Reis gedrückt und dort rechtwinklig mit dem Messer verkürzt, wo die Kontaktfläche des nach außen gerichteten Zusatzschnittes endet. Abschließend muß verbunden und verstrichen werden. Bei größeren Pfropfköpfen ist es üblich, die Reiser mit je zwei Drahtstiften anzunageln.

Wenn abschließend das Vereinfachte Tittelpfropfen beurteilt werden soll, stellt sich heraus, daß es im Vergleich zu den bisherigen Rindenpfropfmethoden die geringste Verletzung an den Pfropfköpfen verursacht. Außerdem sitzt das Reis sehr fest in der Unterlage, wenn für den Rindenausschnitt der entsprechende Abstand eingehalten wurde. Erstmalig wird das auf der Innenseite der Rinde vorhandene Kabium durch einen Zusatzschnitt am Reis für das Verwachsen benutzt. Damit diese zweite Kontaktfläche möglichst groß ausfällt, muß die Knospe bei der Ausführung des Grundschnittes oben plaziert sein. Eine lange „Zunge" ist außerdem beim Annageln günstiger als eine kurze.

Das Wenncksche Rindenpfropfen

Wenn für Pfropfungen im April bis Mai oder im August die Rinde vom Holz gelöst wird, ist sowohl auf dem Holz als auch auf der Innenseite der Rinde verwachsungsfähiges Kambium vorhanden. Es stellt sich die Frage, was verbessert werden müßte, damit das Edelreis nicht nur auf der Innenseite mit der Unterlage verwächst, sondern auch außen.

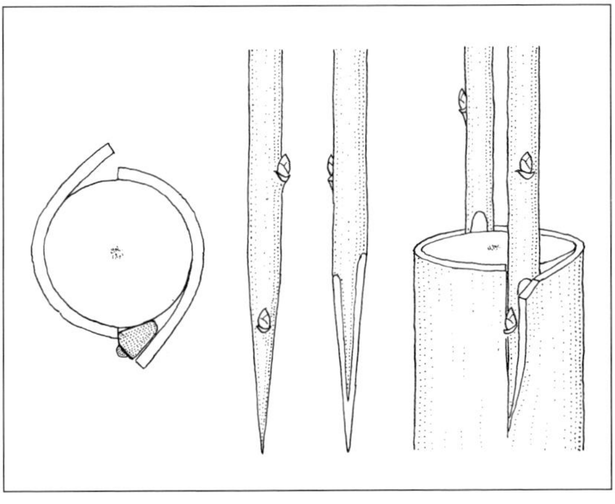

Wencksches Rindenpfropfen. Es werden nicht nur die Kambiumzellen auf dem Holz, sondern auch die auf der angehobenen Rindeninnenseite zum Verwachsen benutzt. Dafür ist am Edelreis ein keilförmiger Zuschnitt erforderlich (siehe auch Abb. auf Seite 93).

Beim Tittelpfropfen ist eine Lösung aufgezeigt: durch einen Zusatzschnitt wird eine zweite, allerdings kleinere Verwachsungsfläche für das Reis geschaffen. Daß es dafür noch andere, weitergehende Möglichkeiten gibt, hat Gartenbaurat Wenck mit seiner Rindenpfropfmethode bewiesen.

Wenn Sie sich an das Verbesserte Rindenpfropfen erinnern, so wird dabei am Pfropfkopf nur ein Rindenflügel für das Einschieben des Reises gelöst. Der Kopulationsschnitt am Reis liegt auf dem Holz der Unterlage. Es ist demnach nur eine Kontaktfläche vorhanden. Wenn wir aber den durch die gelöste Rinde entstandenen Spalt betrachten, kann man die Idee von Wenck gut verstehen: Ein Reis wird keilförmig so zugeschnitten, daß es in diesen Spalt paßt, wobei eine zweite Verwachsungsfläche zur Rindeninnenseite geschaffen wurde. Aufgrund dieser beiden gleich großen Verwachsungsflächen ist das Wencksche Rindenpfropfen eine besonders sichere Pfropfmethode.

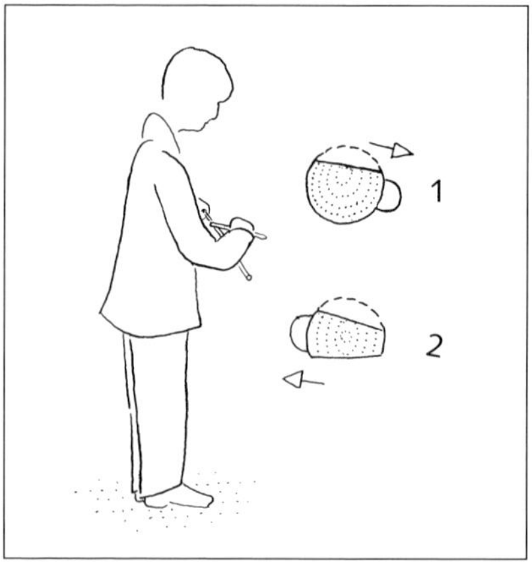

Reiszuschnitt beim Wenckschen Rindenpfropfen (für Rechtshänder, die im Uhrzeigersinn verbinden): Beim Kopulations-Grundschnitt (1) soll die „Verwachsungsknospe" auf der dem Körper abgewandten Reis-Seite stehen. Dann wird das Reis um 180 Grad gedreht; die Knospe ist nun zum Körper gerichtet. Es muß ein zweiter, etwa einen halben Zentimeter kürzerer Kopulationsschnitt ausgeführt werden (2).

Manche praktischen Handgriffe lassen sich theoretisch nur schwer beschreiben. Wenn es am Trieb keine Knospen gäbe, besonders nicht jene unterste Knospe im Bereich des Kopulationsschnittes, würde es mir kaum gelingen, Ihnen eine verständliche Anleitung für den Reiszuschnitt zu geben. Wer aber auf die Stellungen dieser Knospe bei zwei erforderlichen Schnitten achtet, wird schon bald in die Spalten passende Reiser zuschneiden können.

Rechtshänder fertigen einen Kopulationsschnitt derart, daß die Knospe etwa in der Mitte des Schnittes seitlich plaziert ist, und zwar auf der dem Körper abgewandten Reisseite. Dieser Grundschnitt kommt beim Einschieben des Reises in den Spalt (linker Rindenflügel gelöst) auf die Innenseite, d. h. auf das Holz. Drehen Sie nun das Reis so, daß die Knospe dem Körper zugewandt ist. (Die Richtung der Drehung spielt dabei keine Rolle.) Nun muß ein zweiter, kürzerer, etwa einen halben Zentimeter tiefer als der Grundschnitt angesetzter Zusatzschnitt ausgeführt werden. Bei beiden Schnitten ist darauf zu achten, daß das untere Auge heil bleibt.

Der entstandene Schnitt verläuft keilförmig. Im Gegensatz zum Reiszuschnitt beim Geißfußpfropfen soll die Rinde auf der der Knospe gegenüberliegenden Reisseite konisch nach unten zulaufen. Dieser zweite Schnitt kommt mit der Innenseite der Rinde in Kontakt. Damit ist die zweite Verwachsungsfläche vorhanden.

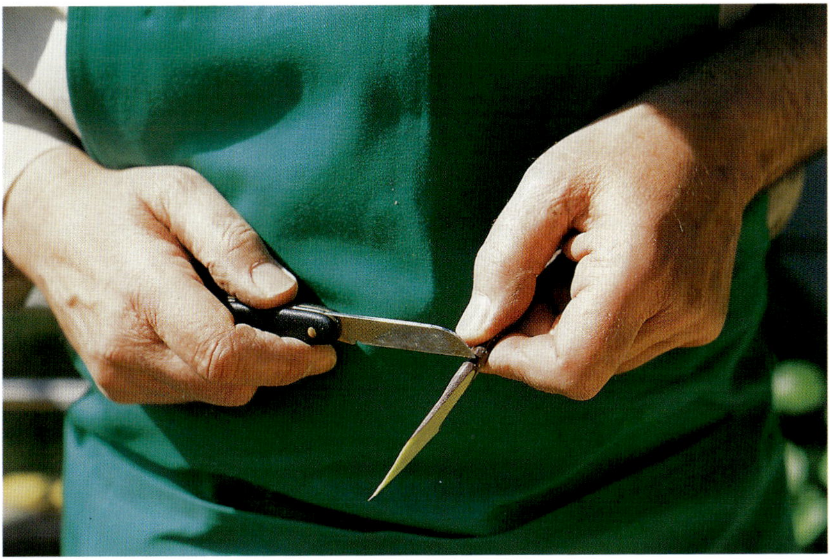

Beim Wenckschen Rindenpfropfen soll die Rinde auf der Reisrückseite konisch nach unten zulaufen.

Bei Linkshändern muß die unterste Knospe beim Kopulations-Grundschnitt zum Körper hin und beim Zusatzschnitt vom Körper weg gerichtet sein. Wenn Sie so verfahren, wird der längere Schnitt immer innen plaziert werden können. Das aber ist erforderlich, damit der Anschnitt den erwünschten halben bis einen Zentimeter über die Pfropfkopfebene hinausragt.

Seitlich am Pfropfkopf durchschneidet man nun achsenparallel die Rinde mit dem Kopuliermesser. Rechtshänder, die in Uhrzeigerrichtung verbinden, müssen jeweils den linken Rindenflügel lösen, Linkshänder dagegen den oder die rechten Rindenflügel. Wer will, kann die obere Ecke am gelösten Rindenflügel mit dem Messer abschrägen, so daß der Ansatz des Zusatzschnittes am Reis sichtbar wird. Damit beugt man möglichen partiellen Rindenvertrocknungen vor, außerdem wird die Überwallung in diesem kritischen Bereich gefördert. Am eingeschobenen Reis können Sie erkennen, wie geschützt die „Ersatzknospe" im Spalt plaziert ist.

Obstbaumkronen können umgepfropft werden

Wer bei seinen Obstbäumen von einer Sorte enttäuscht wurde oder aus anderen Gründen ihrer überdrüssig geworden ist, muß diesen Baum keineswegs roden und ihn durch einen Jungbaum ersetzen. Ein Sortenwechsel ist auch durch Umpfropfen (Umveredeln) der bisherigen Krone möglich. Dazu werden die Äste stark zurückgeschnitten, die Krone wird abgeworfen. In die dabei entstandenen Pfropfköpfe pfropft der Veredler zugeschnittene Reiser hinter die Rinde (= Rindenpfropfen).

Es gibt zahlreiche Gründe, die ein Umpfropfen nahelegen. Das sind beispielsweise:

- Standort und Lage genügen den Ansprüchen der Sorte nicht.
- Hohe Sortenanfälligkeit für Schädlinge und Krankheiten.
- Häufige Ertragsausfälle empfindlicher Sorten in Frostlagen.
- Korrektur zu dichter Baumbestände (punktuelles Umpfropfen).

Während der Erwerbsobstbauer im Hinblick auf die heute üblichen kurzlebigen Anbausysteme Fehlentscheidungen bei den Sorten in den meisten Fällen durch Rodungen und anschließende Wiederbepflanzung korrigiert, wird der Hobbyobstbauer in aller Regen das Umpfropfen bevorzugen. Er sieht es nicht ein, einen gesunden Baum zu roden, dessen wesentliche Teile – Wurzel, Stamm und Kronengerüst – einer neuen Sorte als fertige, leistungsfähige Unterlage dienen können. Dieser Standpunkt ist um so verständlicher, als im Liebhaberobstanbau meist längerlebige Sorten-Unterlagen-Kombinationen verwendet und auch die schwachwachsenden Kombinationen länger genutzt werden als im Erwerbsobstbau. So wird heutzutage diese alte gärtnerische Praktik des Umpfropfens vor allem von Nichtfachleuten als Hobby gepflegt.

Umpfropfungen mit Reisern sind gut möglich bei Apfel, Birne, Süß- und Sauerkirsche und bedingt bei Pflaume, Mirabelle, Reneklode und Zwetsche. Dagegen wird eine Umveredlung bei Pfirsich und Aprikose nach vorheriger Verjüngung durch Okulation in die einjährigen Triebe durchgeführt. Um Formen von Unverträglichkeit auszuschließen (z. B. die Edelreiser verwachsen nicht bruchsicher mit den Pfropfköpfen), können Pflaumen, Mirabellen, Renekloden und Zwetschen ebenfalls durch Okulation umveredelt werden.

Genauso wie bei der Anzucht junger Obstbäume ist auch beim Umpfropfen die Veredlungsverwandtschaft zu beachten. Das bedeutet, daß Apfel auf Apfel, Birne auf Birne usw. gepfropft werden muß. Am ehesten kann es zu unverträglichen oder eingeschränkt verträglichen Verbindungen beim Umpfropfen von zuvor genannten Pflaumenarten kommen. Doch sind diese Mängel nicht weit verbreitet, weil die schwierigere Vereinigung zwischen Unterlage und Sorte bereits in der Baumschule ausgeführt worden ist. Die Kombination Sorte auf Sorte bringt erfahrungsgemäß weniger Probleme. Sollte einmal bei den „schwierigen“ Steinobstarten die erste Umpfropfung mittels Rindenpfropfung nicht oder unzureichend gelungen sein, so kann eine Nachveredlung durch Okulation bzw. Kopulation aussichtsreich sein (siehe Seite 115).

Es gibt keine speziellen Empfehlungen, welche Sorten sich beim Umpfropfen besonders gut vertragen, weil die Erfahrungen eines Standortes nicht auf andere übertragen werden können. Beim Kernobst ist die Verträglichkeit von Sorte zu Sorte sehr gut. Dagegen könnte bei Steinobstsorten neben anderen Faktoren ein zeitlich ungleicher Austrieb der Grund für Störungen der Verträglichkeit sein. Denn bei gleichzeitigem Austrieb von alter und neuer Sorte kann man davon ausgehen, daß die Entwicklung der beiden Kambien zeitgleich verläuft, was für ein einwandfreies

Apfel-Kombinationen		Birne-Kombinationen
schwachwachsend	bis zum 8. Jahr	bis zum 12. Jahr
mittelstarkwachsend	bis zum 12. Jahr	
starkwachsend	bis zum 15. Jahr	
sehr starkwachsend	bis zum 25. Jahr	bis zum 25. Jahr, obwohl sie über 100 Jahre alt werden können.

Verwachsen Voraussetzung ist. Sie sollten darum z. B. keine spätaustreibende Sorte auf eine frühaustreibende pfropfen, auch nicht beim Kernobst. Bei der Sortenwahl für das Umpfropfen sind außerdem noch folgende Praktikerregeln von Nutzen: Alle Bäume mit schwachwachsenden (und deshalb meist reichtragenden) Sorten sollten mit starkwachsenden Sorten umgepfropft werden, damit sich die veredelten Sorten nicht vorzeitig erschöpfen. Dies trifft in der Regel auch für alle älteren Bäume zu, deren Neuwuchs sich bereits abgeschwächt hat. Das Umveredeln mit schwachwachsenden Sorten kann bei jüngeren, sehr stark treibenden Sorten empfehlenswert sein, damit eine Ertragsverfrühung und eine bessere Ertragswilligkeit erreicht werden. Es kann außerdem in zu dicht gewordenen Obstbaumbeständen durch verkleinerte Kronen zum Streßabbau der Bäume beitragen.

Bevor beschrieben wird, was beim Abwerfen und Pfropfen von Pyramiden-Hohl- und Flachkronen zu beachten ist, soll noch ein wichtiger Punkt behandelt werden: der Gesundheitszustand des umzupfropfenden Baumes.

Grundsätzlich sollten nur gesunde Obstbäume umgepfropft werden. Wenn einzelne Wunden am Stamm oder an den Gerüstästen vorhanden sind, deren Wundwülste sich jährlich weiterentwikkeln, ist dies kein Hinderungsgrund. Wenn aber dem Baumbesitzer Ast- und Stammhöhlungen, stärkerer Krebsbefall oder Gummifluß, Flachästigkeit oder Triebsucht bzw. Hallimaschbefall bekannt sind, muß vom Umpfropfen Abstand genommen werden. Derart geschädigte Bäume wird man früher oder später roden müssen.

Als Faustregel kann gelten, daß Umpfropfungen bis etwa zur Hälfte der Lebensdauer einer Pfropfkombination sinnvoll sein können, sich danach aber nicht mehr lohnen. In der obenstehenden Tabelle sind einige Beispiele aufgeführt.

Das Abwerfen von Pyramidenkronen

Als Pyramidenkrone wird jede Baumkrone bezeichnet, bei der eine Stammverlängerung vorhanden ist. In früheren Jahren sind im süddeutschen Hochstammobstbau aus diesem Mittelast 7 bis 10 oder 12 Leitäste aus 2 oder 3 Astkränzen bzw. aufgelockerten Astgruppen erzogen worden. In neuerer Zeit bestehen Kronen in Pyramidenform aus der Stammverlängerung und lediglich 3 bis 4 Leitästen der ersten Astgruppe. Alle diese Gerüstäste tragen Fruchtholz. Pyramidenkronen können beim Kern- und Steinobst bei zahlreichen Sorten-Unterlagen-Kombinationen erzogen werden. Das bedeutet, daß sie

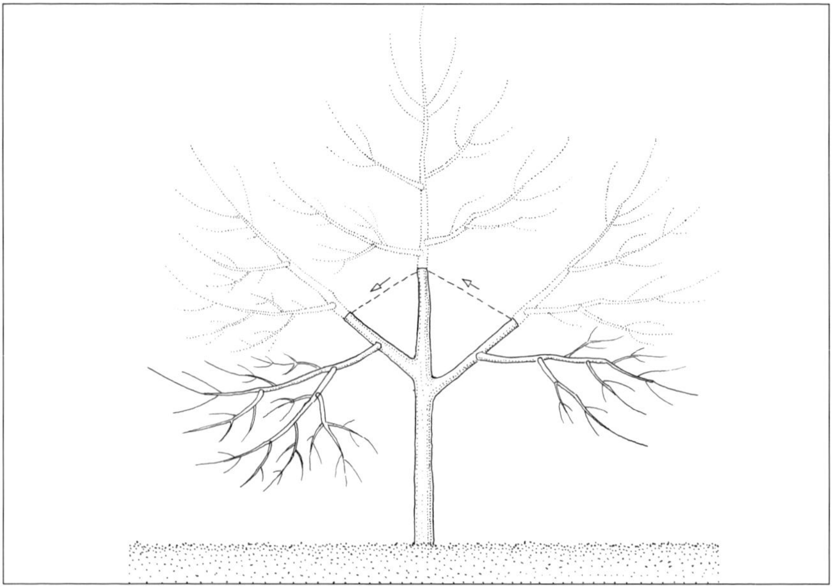

Abwerfen eines Buschbaumes (5. Standjahr; Seitenansicht mit 2 der 3 Leitäste). Bei jungen Bäumen ist es zweckmäßig, das Kronengerüst der seitherigen Sorte kräftig zu reduzieren, weil die aufgepfropfte Sorte den Kronen-Neuaufbau übernehmen soll. Mit dem Abwerfen des schwächsten Leitastes beginnen; von dort aus die Abwurfstelle der Stammverlängerung und die der übrigen Leitäste bestimmen.

nicht nur beim Hochstamm, Halb- und Niederstamm empfehlenswert sind, sondern auch bei Büschen und Spindelbüschen. Pyramidenkronen sind in der Regel Rundkronen, doch können sie auch oval gestaltet sein (= Ovalkronen).

Bei jungen Bäumen

Das Abwerfen samt dem Umpfropfen eines neu gepflanzten bzw. eines ein Jahr am Standort stehenden Obstbaumes ist bereits am Beispiel „Kopulationen in Kronenhöhe" auf Seite 72 behandelt worden.

Als zweites Umpfropfobjekt soll ein jährlich geschnittener Birnenbusch (Sorte 'Gellert') auf Sämlingsunterlage im fünften Standjahr dienen, aus dem ein Mehrsortenbaum hergestellt werden soll. Die Krone besteht aus einer Stammverlängerung und 3 Leitästen. Das Kopulieren einjähriger Triebe wäre unzweckmäßig, weil bei jungen, starkwachsenden Bäumen bis etwa zum zwanzigsten Lebensjahr das ursprüngliche Kronengerüst kleinzuhalten ist. Das bedeutet, daß die aufgepfropfte Sorte die neue Krone aufbauen soll.

Beim Abwerfen, das bei jungen Bäumen meistens unmittelbar vor dem Umpfropfen durchgeführt wird, sucht man als erstes am schwächsten Leitast eine glatte zum Pfropfen geeignete Stelle aus. Das könnte im Abstand von 60 bis 70 cm zum Astansatz sein. Sobald dieser Ast auf diese Länge zurückgeschnitten, d. h. abgeworfen wurde, kann die Abwurfhöhe an der Mitte anvisiert werden (Winkel 60 Grad zur Lotlinie).

Schneiden Sie dann unter Einhaltung dieses Winkels die übrigen Leitäste zurück. Seitenhölzer an den Leitästen, die nicht mindestens 20 bis 25 m von der Pfropfkopfebene entfernt sind, müssen weggeschnitten werden, damit sie keine Konkurrenz für die Edelreiser werden können. Sonstige Triebe und Zweige sind als „Zugholz" zu schonen (Näheres darüber auf Seite 101).

Bei älteren Kronen bis etwa zum 25. Lebensjahr

Abwurfzeitpunkt. Die nun abzuwerfenden Kronen sind bedeutend größer als die bislang behandelten. Das bedeutet nicht nur mehr Arbeit, sondern auch gründliche Überlegung. Um diese Arbeit, die für die weitere Entwicklung einer Obstbaumkrone maßgeblich ist, mit der dazu erforderlichen Ruhe und Übersicht durchführen zu können, werfen viele Praktiker größere Kronen bereits im Winter vor der Umpfropfung ab: Steinobstbäume im Dezember und Januar; Kernobstbäume ab Dezember bis Februar und auch noch im März. Das Abwerfen sollte an frostfreien Tagen geschehen.

Um Schäden durch Frost oder Austrocknung von den späteren Pfropfstellen fernzuhalten, bleiben beim Kernobst 20 cm lange und beim Steinobst 30 bis 40 cm lange „Sicherungszylinder" darüber stehen. Sie werden erst unmittelbar vor dem Pfropfen weggesägt. Wenn sich an diesen Sicherungszylindern Seitenholz befindet, wird es bis auf kurze Stummel weggeschnitten.

Dieses frühe Vorbereiten von Kronen für das Umveredeln hat noch einen wesentlichen Vorteil. Der Reservestoffhaushalt des Obstbaumes wird besser geschont als beim Abwerfen am Veredlungstag, denn dann befinden sich die für den Austrieb bereits mobilisierten Reserven schon in dem wegzusägenden Holz. Es ist darum nicht erstaunlich, daß im Winter abgeworfene Kronen einen stärkeren Neuwuchs aus dem Altwuchs zustandebringen als später abgeworfene. Das ist für die rasche Erholung des stark geschwächten Baumes von großem Vorteil. Daran sind auch die nach winterlichem Abwerfen früher aktivierten Reserveknospen beteiligt.

Wer sich erst im Frühjahr zum Umveredeln eines Obstbaumes entschließt, sollte das Abwerfen der Krone erst unmittelbar vor dem Umpfropfen ausführen. So wird häufig bei Steinobstbäumen beim Abblühen verfahren, weil dieser Entwicklungszustand für das Lösen der Rinde und für das Verwachsen der Partner bei diesen Obstarten ein besonders günstiger Zeitpunkt ist.

Und schließlich können Sie Obstbaumkronen auch im Sommer abwerfen und unmittelbar danach pfropfen. Das wird vom Fachmann bei Kirschen in der zweiten Augusthälfte mit Sommerreisern erfolgreich durchgeführt. Wer also im Frühjahr wegen bereits angetriebener Edelreiser klugerweise auf das Umpfropfen verzichtet oder beim Anwachsen solcher Reiser nur Teilerfolge erzielt hat, der kann nun umpfropfen oder nachpfropfen. Allerdings besteht dabei die Gefahr, daß im Sommer umgepfropfte Kirschbäume in einem nachfolgenden strengen Winter wegen nicht ausreichender Reserven

Unterschiedliche Abwurfhöhen:
A. Vom ursprünglichen Kronengerüst bleiben nur kurze Stummel mit großen Kopfwunden übrig. Der Verlust an mit viel Energie aufgebauter Substanz ist erheblich. Außerdem stehen Sproß und Wurzel in einem krassen, nur allmählich wieder auszugleichenden Mißverhältnis.
C. Die seitherige Krone bleibt weitgehend erhalten; der Ertragsausfall ist gering. Der Veredlungsaufwand jedoch ist zu hoch.
B. Ein akzeptabler Kompromiß. Das seitherige Astgerüst wird angemessen benutzt; die Pfropfkopfwunden sind überwallungsfähig. Der Veredlungsaufwand ist mittel. Die verursachte Störung im Sproß-Wurzel-Verhältnis hält sich in Grenzen.

frostgefährdet sein können. Darauf ist bereits hingewiesen worden.

Die richtige Abwurfhöhe der Gerüstäste. Es ist nicht schwierig, fachmännisch erzogene Kronen abzuwerfen. (Auf ungepflegte Kronen kommen wir später zu sprechen). Man muß nur die Stammverlängerung und die Leitäste in gleicher Länge zurückschneiden. Das Seitenholz wird ebenfalls eingekürzt. Die Schwierigkeit für den Fachneuling ist, welches Maß beim Abwerfen angelegt werden soll.

Ich werde Ihnen an Hand der Abbildung das Für und Wider unterschiedlicher Abwurfhöhen erläutern.

Wird die Krone wie im Beispiel A abgeworfen, dann bleiben von dem mit viel Energie aufgebauten seitherigen Kronengerüst nichts als 4 oder 5 Stummel übrig. Das ist nicht nur ein immenser Verlust an wertvoller Substanz, sondern durch das entstandene Mißverhältnis von Sproß und Wurzel zugleich ein schwerer Schock für den Gesamtorganismus, den beispielsweise Steinobstbäume kaum verkraften können. Außerdem liegen die dabei angefallenen Pfropfköpfe weit über den von Fachleuten empfohlenen Werten: 6 bis 8 cm Durchmesser beim Apfel und Steinobst 10 bis 12 cm bei Birnen. Das Verheilen derartiger großer Kopfwunden dauert Jahre und ist darum risikoreich.

Schätzt man dagegen die Folgen fürs Veredeln bei Beispiel C ab, so ist Ihnen schnell klar, daß in der nur schwach zurückgesägten Krone viele Fruchtäste an Mitte und Leitästen umgepfropft werden müssen. Der Ertragsausfall wird dadurch zwar sehr viel rascher als im Fall A überwunden, doch ist der Veredlungsaufwand enorm. Außerdem ist wahrscheinlich, daß die alte Sorte überall in der Krone „mitmischt". Das muß kein Nachteil sein, vielfach aber ist es unerwünscht. Günstig zu bewerten sind die vorwiegend kleinen Pfropfkopfwunden, die rasch verheilen. Es bleibt dabei: Insgesamt ist die Lösung C zu aufwendig.

Eine zweckmäßige Abwurfhöhe ist im Beispiel B gegeben: Vom seitherigen Kronengerüst wird etwa die Hälfte als Basisgerüst für die neue Sorte benutzt. Das ist ein Kompromiß beim Ertragsausfall, beim Arbeitsaufwand und beim Verändern des Sproß-Wurzel-Verhältnisses.

Wenn nun diese theoretische Erkenntnis in die Praxis umgesetzt werden soll, ist es üblich, an einem Leitast

Je kleiner der Pfropfkopf, um so rascher die Wundüberwallung (3 Jahre nach der Pfropfung).

die Veredlungsstelle + den Sicherungszylinder, d. h. den Abwurfpunkt 1 festzulegen. Dort wird der Leitast abgesägt, wobei ein Vorschnitt verhindern soll, daß der Ast ausschlitzt. Der Abwurfpunkt 2 wird an der Stammverlängerung bestimmt (Winkel von etwa 60 Grad), der Abwurfpunkt 3 am gegenüberliegenden Leitast. Würden nun die Punkte 1, 2 und 3 miteinander verbunden, müßten die beiden Geraden einen Winkel von etwa 120 Grad bilden. Das ist eine Faustregel. Bei hochwachsenden Obstarten wie Birne oder Süßkirsche ist gegen Winkel zwischen 90 und 110

Grad auch nichts einzuwenden. Von der abgeworfenen Mitte aus legt man die Abwurfpunkte an den übrigen Leitästen fest. Zum Bestimmen dieser Punkte müssen Sie mindestens 2 Standorte einnehmen. Sind die Leitäste in der jeweils richtigen Höhe abgeworfen worden, so befinden sich die Abwurfstellen in einer waagerechten Ebene, die in der Fachsprache auch als „Saftwaage" bezeichnet wird. Bei dieser Schnittebene haben die Leitäste etwa gleiche Startbedingungen für die harmonische Weiterentwicklung der neuen Krone.

Das Abwerfen der Seitenäste. Als nächstes müssen die Seitenäste an den Leitästen und am Mittelast abgeworfen werden. In der Abbildung ist dies zeichnerisch dargestellt: Die älteren, in der Nähe der Astbasis gewachsenen Seitenäste werden länger abgeworfen als die jüngeren an der Astspitze. Dies gilt auch für die Seitenäste und -zweige auf den Leitastunterseiten. Der Sinn dieses konischen Zuschnitts besteht wiederum darin, auch für die Seitenäste gleich günstige Voraussetzungen zur ausgewogenen Fruchtholzentwicklung zu schaffen. Der oberste Seitenast sollte wenigstens 20 bis 25 cm unter der Pfropfkopfebene des Leit- oder Mittelastes stehen. Bei starkwachsenden, großkronigen Apfel-, Birn- und Kirschbäumen ist es zweckmäßig, von Seitenholz zu Seitenholz einen Abstand von 60 cm einzuhalten. Was mit dem Seitenholz dazwischen geschehen soll, wird im folgenden beschrieben.

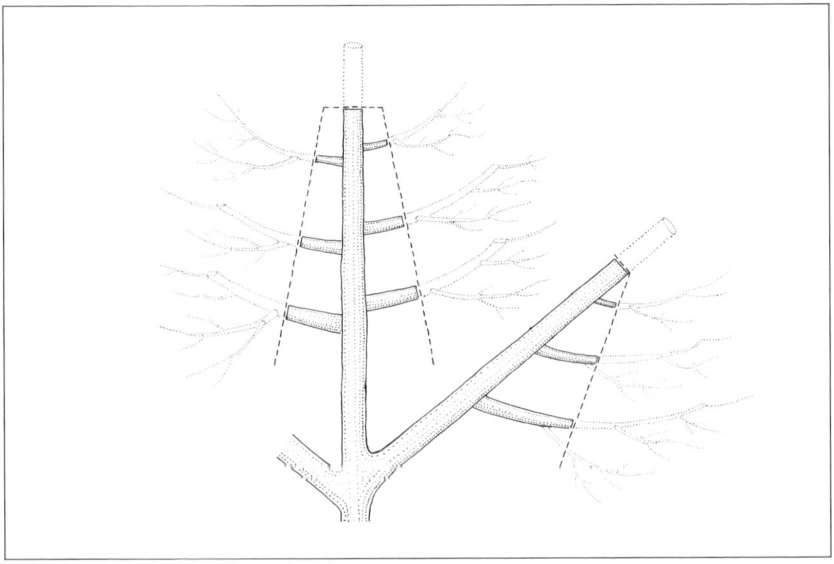

Seitenäste an der Stammverlängerung und an den Leitästen kegelförmig (konisch) abwerfen; dies gilt auch für die Seitenäste auf den Astunterseiten der Leitäste. Beim Abwerfen im Winter über allen späteren Veredlungsstellen bei Kernobstbäumen 20 cm lange und bei Steinobstbäumen 30 bis 40 cm lange „Sicherungszylinder" stehenlassen.

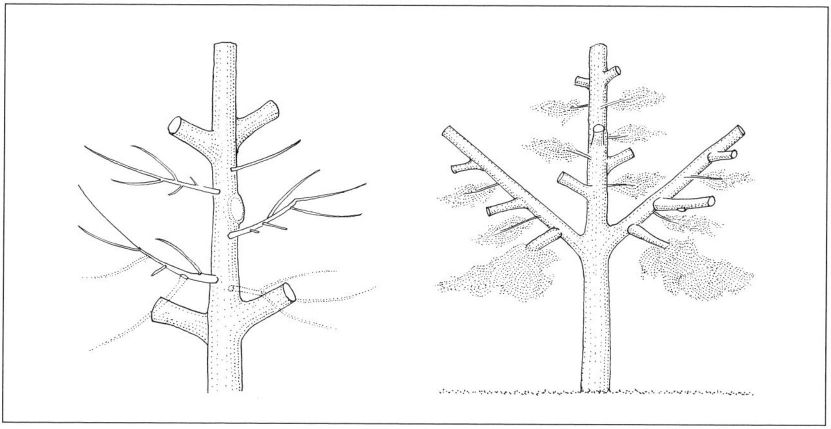

Beim Abwerfen darauf achten, daß in der reduzierten Krone genügend einjährige Lang- und Kurztriebe erhalten bleiben. Dies wird erreicht, wenn im unteren Kronenbereich an den Leitästen „Zugäste" verbleiben und im darüber liegenden Raum schwache Äste und Zweige. Die Entwicklung der Edelreiser darf durch das „Zugholz" nicht behindert werden.

Die Bedeutung der Zugäste. Der starke Kroneneingriff beim Abwerfen bringt den Baum in eine Krise. Dazu trägt nicht nur der Verlust von dickem Holz bei, sondern auch das damit verbundene Entfernen einjähriger Lang- und Kurztriebe. Die dort sitzenden Knospen nehmen im Frühjahr beim Austrieb die mobilisierte Reserveenergie auf. Wenn einem Obstbaum diese Organe zur Aufnahme des Saftstroms fehlen, droht er, wie dies Praktiker treffend formulieren, „im eigenen Saft zu ersticken". Verläuft der Eingriff nicht ganz so dramatisch, so geraten zu krass abgeworfene Bäume durch den verzögerten und oft zögerlichen Austrieb „schlafender" Knospen ins Hintertreffen. Kurz und gut: In abgeworfenen Kronen müssen genügend Seitenäste und -zweige als „Zugäste" erhalten bleiben.

Stärkere Zugäste sollten im unteren Kronenbereich ausgewählt werden (etwa ein Zugast je Leitast). Schwächeres Holz, wie Zweige und Triebe, können auch darüber in der Restkrone verteilt sein. Es ist nur immer eines wichtig: In keinem Fall darf das Zugholz die Entwicklung der Edeltriebe behindern.

Das Abwerfen seither ungepflegter Kronen

Wer sich an das Abwerfen von Obstbäumen wagen will, die bisher selten oder nicht geschnitten worden sind, sollte Kenntnisse im Baumschnitt haben. Er muß wissen, wie Naturkronen fachgerecht ausgelichtet werden müssen. Diese vor dem Abwerfen durchzuführende Arbeit kann in diesem Taschenbuch nicht erörtert werden. Wichtig bei diesen vorbereitenden Maßnahmen ist, daß keine Äste ausschlitzen und alle beim Auslichten entstandenen Wunden über der Größe eines Fünfmarkstückes verstrichen werden.

Das Abwerfen kleinkroniger Bäume. Von links nach rechts: Schlanke Spindel; Flachkrone; Zwanglose Spaliere (Fächerspalier mit und ohne Stammverlängerung). In allen Fällen vom seitherigen Kronengerüst nur kurze Stummel belassen.

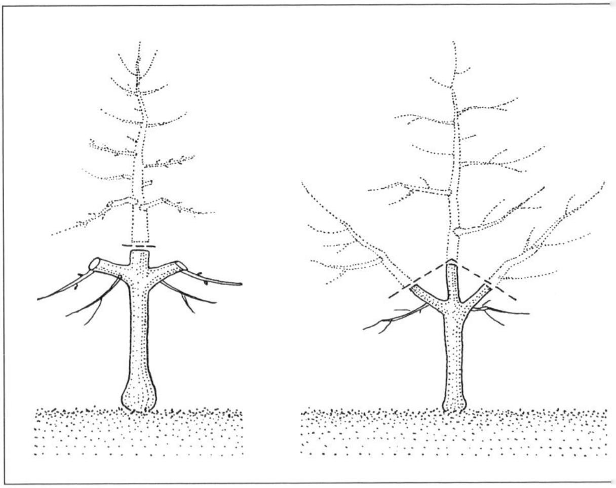

Das Abwerfen älterer Kronen
Wenn bei einem Obstbaum das Triebwachstum nachläßt und die Erträge abnehmen, befindet er sich im Altersstadium. Während ein Verjüngungsschnitt in diesem Lebensabschnitt die Leistungen vorübergehend verbessern kann, führt das Abwerfen der Krone zu weiterer Schwächung. Außerdem funktionieren bei älteren Bäumen die Abwehrmechanismen gegen Bedrohliches (z. B. den Holzabbau durch Mikroorganismen) längst nicht mehr so sicher wie bei jungen Exemplaren. Mangelhaft verwachsene Pfropfköpfe sind die Folge. Sie lassen einen zügigen Kronenaufbau der neuen Sorte nicht mehr zu. Deshalb muß man sich diesen schweren Eingriff bei einem älteren Baum schon sehr gut überlegen. Am ehesten werden ältere Birnbäume damit fertig.

Selbstverständlich ist es bei selten oder niemals geschnittenen älteren Obstbaumkronen nicht zweckmäßig, unbedingt eine Kronengestaltungsmethode anzuwenden. Man muß sich mit dem vorhandenen Astgerüst begnügen und durch überlegtes Auslichten versuchen, auch in diesen ungeordneten Kronen ein Gleichgewicht herzustellen.

Bei Kronen, die in der Peripherie geschlossen und im Zentrum deshalb schlechter belichtet waren, sind die abgeworfenen Gerüstäste oft meterlang kahl. Das kann sich schon in der folgenden Vegetationsperiode ändern, wenn Reserveknospen Neutriebe entwickeln. Auf diese lassen sich im folgenden Frühjahr Reiser der Sorte kopulieren. Bleibt diese Reaktion jedoch aus, können Sie an den kahlen Astpartien Einveredlungen vornehmen (siehe Seite 105).

Das Abwerfen anderer Kronenformen

Hohlkrone. Wenn bei einer Obstbaumkrone die Stammverlängerung fehlt, bezeichnet man sie als Hohlkrone. Sie

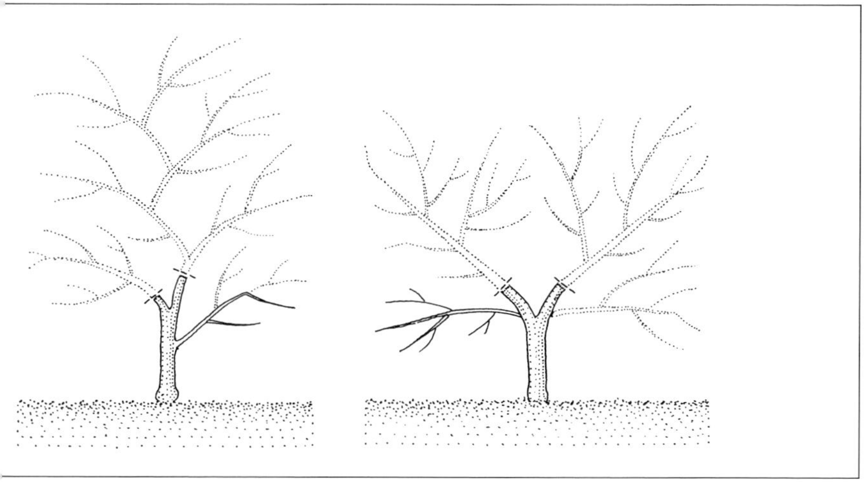

wird wie eine Pyramidenkrone erzogen. Beim Abwerfen müssen Sie sich den Mittelast dazudenken. Die Leitastenden sollen nach dem Abwerfen in einer waagrechten Ebene (Saftwaage) stehen.

Flachkronen und Schlanke Spindel. Unter Flachkronen versteht der Fachmann Baumkronen mit flachem Kronengrundriß. Sie können aus einer Stammverlängerung und 2 in Reihenrichtung erzogenen Leitästen bestehen. Dazu zählen Längskronen auf mittelstarkwachsenden oder schwachwachsenden Unterlagen (z.B. Freie Palmetten beim Heckenobstbau). Flachkronen sind außerdem bei verschiedenen Spalierformen, den strengen und den zwanglosen üblich.

Alle diese Baumformen sind für bodennahe Erziehungssysteme geeignet. Für das Abwerfen bedeutet dies, daß die neue Sorte ebenfalls in Bodennähe die neue Krone bilden soll. Dabei ist es nicht erforderlich, das bisherige Astgerüst ganz verschwinden zu lassen: Von Leit- und Fruchtästen sollten kurze Sokkel erhalten bleiben.

Schwachwachsende Sorten-Unterlagen-Kombinationen dürfen erst im Spätwinter abgeworfen werden, wenn kein strenger Frost mehr zu erwarten ist. Kleinkronige Bäume können auch erst unmittelbar vor dem Umpfropfen abgeworfen werden.

An den gezeichneten Beispielen zeige ich Ihnen, wie das Abwerfen bei diesen kleinen Baumformen in der Praxis gehandhabt wird.

Sortenbäume und Mehrsortenbäume

Um die überaus zahlreichen Apfel- und Birnensorten früherer Jahre kennenlernen und bewerten zu können, haben sich Pomologen und Baumschuler im vorigen Jahrhundert „Sortenbäume" geschaffen. Es wird berichtet, daß der altenburgische Pomologe Agricola zu

Anfang des 19. Jahrhunderts auf einem einzigen Apfelbaum 329 Sorten und etwas später der Pomologe Oberdieck auf einem Birnbaum 260 Sorten vereinigt hatten. Diese phantastische Sortenvereinigung an einem Ort versetzte die Sortenkundler in die Lage, „in kurzer Zeit umfassende pomologische Kenntnisse zu erwerben“ (Jäger 1867).

In den dreißiger und vierziger Jahren unseres Jahrhunderts wurde von namhaften Obstbaufachleuten an diese wertvolle Möglichkeit der Sortenbeobachtung erinnert. Die Zahl der auf einem Sortenbaum unterzubringenden Sorten wurde allerdings auf 4 bis 8 möglichst gleichstark wachsende beschränkt.

Birne. In einem 1982 erschienenen Fachbuch über Birnensorten empfiehlt der Autor (Petzold), auf Birnbäume mehrere Sorten zu pfropfen, und zwar nicht zum pomologischen Studium, sondern zur sinnvollen Familienversorgung über einen längeren Zeitraum hinweg. Denn gerade bei Birnbäumen hat man die Erfahrung machen müssen, daß die Ernte einer einzigen Sommer- oder Herbstbirnensorte die Konsummöglichkeiten einer Familie überfordert.

Der Autor schlägt für 2 Mehrsorten-Birnenbüsche auf Sämlings- bzw. Quittenunterlage (für Standorte bis 350 m NN) folgende Sortenvereinigung vor. So kann die Selbstversorgung von Ende Juli bis Februar-März gesichert werden:

Baum 1

Mittelast	'Trevoux' (Ende Juli bis Ende August = E7–E8)
Gerüstast 1	'Williams' (A-M-E9)
Gerüstast 2	'Gute Luise' oder 'Marianne' (9–10) bzw. wahlweise 'Conference'
Gerüstast 3	'Conference' (10–A11) bzw. 'Lucas' (E10–12)

Baum 2

Mittelast	'Vereinsdechantsbirne' (11)
Gerüstast 1	'Jeanne d'Arc' (12)
Gerüstast 2	'Präsident Drouard' (1)
Gerüstast 3	'Josephine von Mecheln' (2–3)

Als Unterlage ist einer der auf Seite 41 beschriebenen Stamm- und Gerüstbildner auf Sämlingsunterlage bzw. die Sorte 'Gellerts Butterbirne' auf Quittenunterlage empfehlenswert.

Um „Obstschwemmen“ bei Kirsche und Zwetsche zu verhindern, finden Sie hier jeweils noch ein Beispiel für einen Mehrsortenbaum.

Süßkirsche. Versorgung von der 1./2. bis zur 6./7. Kirschwoche. Einkauf eines Hoch- oder Halbstammes, z.B. der Sorte 'Burlat'. Kopulation auf die bei der Pflanzung nicht zurückgeschnittenen Kronentriebe nach einem Jahr.

Mittelast	'Glemser' (6.–7. Kirschwoche)
Leitast 1	'Burlat' (1.–2. Kirschwoche)
Leitast 2	'Erika' (3.–4. Kirschwoche)
Leitast 3	'Unterländer' (4.–5. Kirschwoche)

Zwetsche. Versorgung von Mitte bis Ende Juli bis Oktober (unter Berücksichtigung scharkatoleranter bzw. -resistenter Sorten). Einkauf eines Hoch-, Halb- oder Niederstammes, beispielsweise der Sorte 'Bühler' oder 'President'. Kopulation im Pflanzjahr oder Okulation im Sommer.

Mittelast	'Herman' (M7–E7)
Leitast 1	'Bühler' (ab M8 z.T. bis M9)
Leitast 2	'Valor' (A9)
Leitast 3	'President' (A–M10) nur für warme Lagen, sonst 'Valjevka' (E9–A10)

Bei Mehrsortenbäumen kommt eine ungenügende Befruchtung kaum vor, die bei einzelstehenden Bäumen zu schwachem Fruchtansatz führen kann.

Diese Vorschläge für die Anzucht von Mehrsortenbäumen können selbstverständlich auch bei Obstbäumen praktiziert werden, die sich bereits einige Zeit am obstbaulichen Standort befinden. Wenn dabei eine Umpfropfung mittels einer Rindenpfropfmethode nicht zum erwünschten Veredlungserfolg führt, können Sie im folgenden Frühjahr Neutriebe aus der Unterlagensorte kopulieren (siehe Seite 115).

Voraussetzung beim Umpfropfen ist, daß die Obstbäume gesund und nicht zu alt sind. Wenn Sie beabsichtigen, einen Ast der seitherigen Sorte zu erhalten, empfehle ich Ihnen, auch diesen Ast abzuwerfen und mit sorteneigenen Reisern umzupfropfen. Nur so entstehen gleiche Startbedingungen für alle Gerüstäste.

Eine Alternative zum Mehrsortenbaum bieten schwachwachsende und kleinkronige Sorten-Unterlagen-Kombinationen. Wegen ihres geringen Standraumbedarfs können sie auch in kleinen Hausgärten untergebracht werden. Die für einen Apfelbuschbaum auf mittelstarkwachsender Unterlage erforderliche Fläche reicht beispielsweise aus, um 4 Schlanke Spindeln auf M9 anzupflanzen, wobei jedes Bäumchen eine andere Sorte sein kann. In nicht wenigen Fällen wird sich der Obstbaumliebhaber für diese einfachere Methode entscheiden.

Mit dem Veredeln-Können gelingt auch das Einveredeln

Die Technik der Reiserveredlung hat findige Praktiker zu teilweise erstaunlichen Ideen beflügelt, die ich Ihnen im folgenden beschreiben werde.

Einveredlungen an kahlen Astpartien

Wer großkronige bislang ungeschnittene Obstbäume übernimmt, hofft darauf, daß sich nach dem Auslichten die langen kahlen Astpartien im seither schlecht belichteten Kroneninneren allmählich wieder durch Neuwuchs bekleiden. Diese Hoffnung kann sich infolge günstigerer Belichtung und besserer Pflege im einen Fall erfüllen, im anderen Fall aber nicht. Durch das Einveredeln kurzer Winterreiser mit 4 bis 6 Knospen oder von Langreisern im Abstand von 30 bis 40 cm können diese Leerräume für die Fruchterzeugung erschlossen werden.

Die Einveredlungen werden zum Zeitpunkt der üblichen Rindenpfropfungen (Mitte April bis Mitte Mai) mit Winterreisern durchgeführt. Als besonders sichere Methode hat sich für diesen Zweck das Wencksche Rindenpfropfen erwiesen, bei dem L-förmige (bei stärkerer Rinde etwas abgeänderte) Einschnitte in die Rinde gefertigt werden müssen. Doch auch mit anderen Veredlungsverfahren können Sie eine derartige Astgarnierung erreichen, z. B. durch Seitliches Einspitzen oder Vereinfachtes Tittelpfropfen.

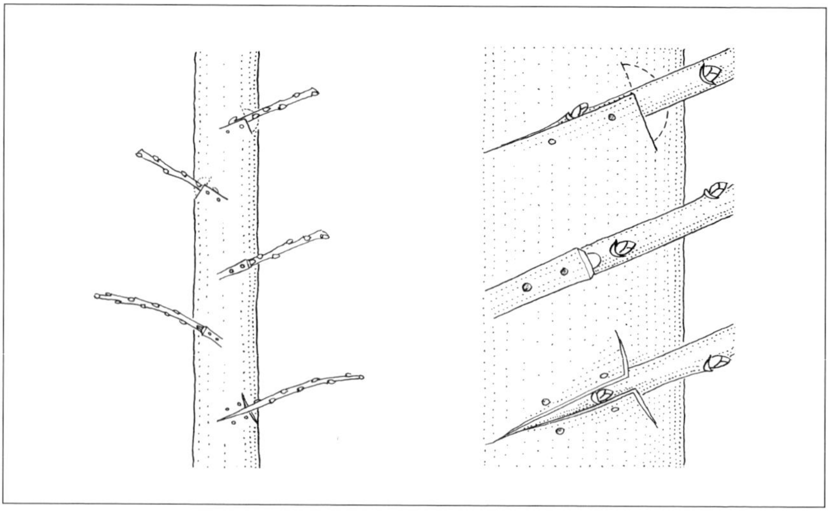

Einveredlungen zur Garnierung verkahlter Astpartien mit kurzen und langen Winterreisern. Rechts oben: Ein besonders geeignetes Verfahren ist das Wenckscher Rindenpfropfen, bei dem umgekehrte L-förmige Einschnitte ein seitliches Einschieben der Reiser hinter die Rinde ermöglichen. Bei dicker Rinde den Querschnitt verlängern und gegen diesen einen halbmondförmigen Ausschnitt herstellen. Dadurch wird der Rindenabsatz beseitigt, so daß das Reis besser auf dem Holz aufliegen kann. Rechts Mitte und unten: Weitere Methoden für das Einveredeln sind das Vereinfachte Tittelpfropfen und das Seitliche Einspitzen.

Ammenveredlung oder Anhängen bzw. Vorspann geben

In Verbindung mit reichtragenden Sorten können sich schwachwachsende Unterlagen beim Kernobst vorzeitig erschöpfen. Dazu zählt z. B. die Birnensorte 'Triumph von Vienne' auf Quittenunterlage oder bestimmte Apfelsorten (z. B. 'Idared') auf schwachwachsenden Unterlagen. Um die Trieb- und Ertragsleistung dieser früh vergreisten Kombinationen zu verbessern, wissen Fachleute einen guten Rat: Der Baumbesitzer pflanzt im Herbst nahe des Stammes 1 bis 2 stärkerwachsende Unterlagen (beim Apfel z. B. M 11, bei Birne die Sämlingsunterlage) und veredelt diese im folgenden Frühjahr oder ein Jahr später in den Stamm ein. Die sich zusätzlich bildenden Wurzeln der „Amme(n)“ ernähren den Baum künftig besser als die seitherigen.

In der Praxis wird die Ammeneinveredlung keineswegs nur zur Kräftigung erschöpfter Pfropfkombinationen angewendet, man kann damit gelegentlich auch todgeweihte Bäume retten. So wird ein am Stammgrund, z. B. durch Feldmäuse geringelter Baum nicht allzulange nach der Schadensentstehung absterben, weil die für den Baustofftransport zu den Wurzeln führenden

Transportleitungen in der Rinde rundherum unterbrochen sind. In derselben Situation befindet sich ein Apfelbaum, dessen „Kragen" (Stammgrund) von der Kragenfäule befallen ist. Wer einen derartigen Schaden an einem jüngeren Obstbaum rechtzeitig entdeckt und umgehend ausschneidet, kann sich für den Herbst 2, 3 oder 4 starkwachsende Unterlagen in der Obstbaumschule besorgen und diese gleichmäßig verteilt nahe beim Stamm pflanzen. Diese Unterlagen sollen Ersatzwurzeln für die ursprünglichen, nun aber absterbenden Wurzeln werden. Es ist verständlich, daß diese Absicht bei älteren Obstbäumen mit großer Wurzelkrone scheitern muß.

Die Einveredlung der Ammen geschieht wie folgt: Sobald sich im Frühjahr die Rinde vom Holz abheben läßt (meist Mitte bis Ende April), werden die Unterlagentriebe an geeigneter Stelle mit einem zum Stamm gerichteten Kopulationsschnitt versehen. Die Ammen dürfen beim Zuschneiden nicht angehoben werden, deshalb ist es erforderlich, sich auf die Wurzeln zu stellen. Erst wenn die Kopulationsschnitte an den Ammen ausgeführt sind, können Sie am Stamm die Stellen bestimmen, an denen z. B. umgekehrte T-Schnitte gefertigt werden müssen. Damit aber die Kopulationsschnitte an den Ammen jeweils auf ihrer ganzen Länge auf dem Kambium des Stammes aufliegen, sollte die durch den Querschnitt entstandene Rindenkante durch einen Zusatzschnitt abgeschrägt werden. Erst dann schiebt man die zugeschnittenen Ammentriebe unter den oder die gelösten Rindenflügel ein. Die Veredlungsstellen verbindet man mit Bast oder Gummibändern. Angehobene Rindenflügel können aber auch mit kleinen Drahtstiften angenagelt werden. Abschließend müssen Sie die Einveredlungen verstreichen.

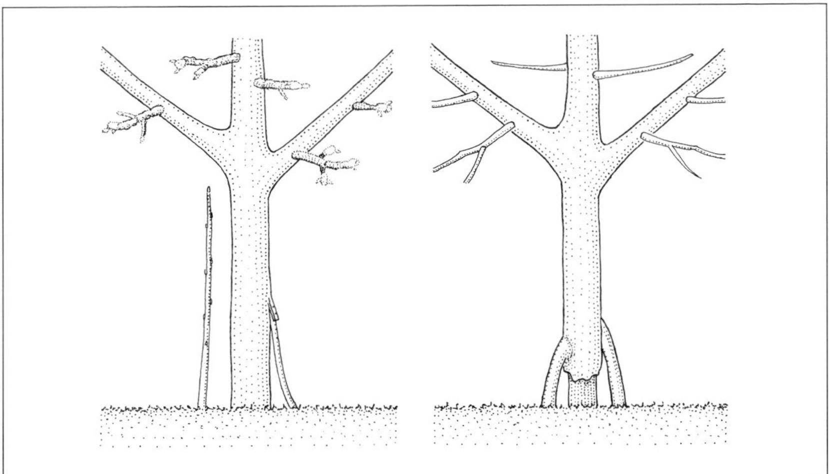

Zur Verbesserung der Trieb- und Ertragsleistung können bei vorzeitig erschöpften Bäumen stärker wachsende Unterlagen in den Stamm einveredelt werden; auch mancher todgeweihte Baum kann so gerettet werden.

Das Überbrücken von Wunden

Größere Wunden an wichtigen Sproßachsen von Bäumen (Stamm, Leitäste) führen in der Regel zu beträchtlichen Störungen beim Stofftransport in Rinde und Holz. Sie schränken außerdem die Speicherung von Reservestoffen im Holz ein. Bei wertvollen Bäumen lohnt es sich deshalb, größere Wunden am Stamm oder an Leitästen mit einjährigen Winterreisern zu überbrücken und dadurch Abhilfe zu schaffen. Bei Infektionswunden ist es erforderlich, vorher das befallene Rinden- und Holzgewebe durch Aussägen oder Ausstemmen zu beseitigen. Alle Wunden, auch die mechanisch verursachten, sollten vor dem Einsetzen der Reiser mit einem Wundverschlußmittel verstrichen werden.

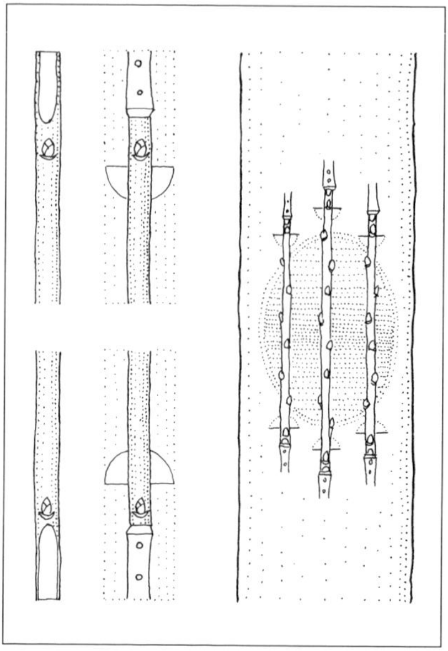

Wundüberbrückung mit Winterreisern. Die zuvor ausgeschnittene und mit einem Wundverschlußmittel verstrichene Wunde mit Reisern einer stabilen Sorte überbrükken (Abstand etwa 5 bis 6 cm). In diesem Fall wurde das Vereinfachte Tittelpfropfen angewendet. Die Einveredlungen der einzelnen Reiser erfolgen jeweils 3 bis 4 cm über dem oberen bzw. unter dem unteren Wundrand. Zum Überbrücken sind außerdem das Wencksche Rindenpfropfen oder das Seitliche Einspitzen gut geeignet.

Wenn im Frühjahr die Rinde vom Holz gelöst werden kann, schneidet man kräftige und genügend lange Winterreiser derselben Art wie beim Vereinfachten Tittelpfropfen zu. Der Abstand der beiden Kopulationsschnitte ist so zu wählen, daß sie in pufferartig zueinander stehende T-Schnitte eingeführt werden können. Die Senkrechte des T besteht aus jeweils zwei Schnitten, die als „Zunge" vom Holz abzuheben ist. Die Breite dieser Zungen muß der jeweiligen Stärke des Überbrückungsreises entsprechen. Die T-Schnitte werden im Abstand von etwa 3 bis 4 cm über dem oberen und unter dem unteren Wundrand in die Rinde gemacht. Damit die Verwachsungsflächen von Reis und Unterlage den denkbar besten Kontakt bekommen, muß die Rinde durch einen halbmondförmigen Schnitt zum T-Querschnitt abgeschrägt werden. Der Abstand von Reis zu Reis sollte etwa 5 bis 6 cm betragen. Die eingesetzten Überbrückungsreiser können mitsamt den angehobenen Rindenzungen mit breitem Kunstbast oder Gummibändern gegen die Unterlage gepreßt werden. Die Verwendung von Drahtstiften ist ebenfalls möglich. Abschließend verstreicht man die Verwundungen mit einem zur Veredlung und Wundbehandlung zugelassenen Mittel.

Da beim Veredeln im Freien der Boden um die Unterlagen zusammengetreten wird, sollten Sie diese Verfestigungen bald danach aufhacken. Wenn zum Verbinden Bast, Kunstbast oder Gummifäden verwendet wurden, besteht die Gefahr, daß der Verband den Sproß einschnürt oder gar abschnürt. Dem müssen Sie durch frühzeitige Kontrollen und rechtzeitiges Lösen der Bindungen vorbeugen. Bei Kopulationen, die als Handveredlungen im Winter oder als Freilandveredlungen im Februar oder März durchgeführt wurden, sind derartige Überprüfungen nicht vor Anfang Mai erforderlich. Dagegen sollten während der Vegetationsperiode ausgeführte Veredlungen nach spätestens 3 bis 4 Wochen kontrolliert werden. Besonders bei Steinobstveredlungen können die Sprosse rasch „dicken". Sobald Einschnürungen erkennbar sind, ist es geboten, die Bindungen oder den Endknoten des Verbandes mit einem zuvor geschärften Messer durchzuschneiden. Dieses meist nicht ohne Rindenverletzungen abgehende Lösen sollte immer im Bereich der Unterlage – bei Okulationen auf der Rückseite – geschehen.

Bodennahe Okulationen beim Kern- und Steinobst einschließlich der Zierformen

Im März nach der Okulation werden die Unterlagen mit den angewachsenen Augen abgeworfen, d. h. zurückgeschnitten. Das kann auf 2 Arten geschehen: mit oder ohne Zapfen.

Bei der **„Zapfenmethode"** werden die Unterlagen 15 bis 20 cm über den eingesetzten Augen abgeworfen. Die oberhalb der Augen stehenden Zapfen dienen zum Anbinden (Heften) der jungen Edeltriebe. Zu diesem Zweck schneidet man alle Knospen samt ihren Astringen mit dem Messer aus der Rinde aus; die Zapfen wurden „blindgeschnitten". Beim Veredeln von Quittenunterlagen mit Birnensorten oder Edelquitten ist bei dieser Zapfenmethode folgende Abweichung zu beachten: Am Zapfen müssen austriebsfähige Knospen erhalten bleiben, damit dieser nicht bis unter die Veredlungsstelle zurücktrocknet. Die sich aus den Knospen bildenden Wildtriebe werden im Juni weggeschnitten. Wenn Pflaumen, Zwetschen, Mirabellen und Renekloden mit Zapfen erzogen werden, ist es ebenfalls besser, die Zapfen nicht blindzuschneiden.

Bei der „Zapfenmethode" wird der Edeltrieb an einen „blindgeschnittenen" Zapfen geheftet, der im August entfernt wird.

Bei der „Zapfenlosen Methode" wirft man die Unterlage unmittelbar über dem eingesetzten Auge ab. Es wird empfohlen, den Edeltrieb frühzeitig zu stäben und zu heften.

Unterlagen, welche die Augen nicht angenommen haben, können im März durch Kopulation oder Spanokulation nachveredelt werden.

Sobald die Edeltriebe etwa Ende Mai fingerlang gewachsen sind, müssen sie an den Zapfen geheftet werden. Schneiden Sie dabei alle Unterlagenaustriebe samt Astringe ober- und unterhalb der jungen Edeltriebe weg. Dieses „Räubern" konkurrierender Wildtriebe muß mehrmals von Mai bis August vorgenommen werden. Falls ein Edeltrieb nicht geradewächst, sollte man ihn an einen Tonkinstab mehrmals anbinden. In Windlagen ist diese Unterstützung unerläßlich, wenn Windbruch verhindert werden soll.

Im August muß dann der Zapfen mit der Schere – der Baumschuler bevorzugt eine stabile Schwunghippe – schräg abgeschnitten und verstrichen werden. Beim Ungeübten kann es selbst bei Verwendung der Schere geschehen, daß der Edeltrieb an- oder abgeschnitten wird. Um dieses ärgerliche Mißgeschick auszuschließen, empfehle ich Ihnen, die „Zapfenlose Methode" anzuwenden, die in Baumschulen fast ausschließlich bei der Anzucht von Obstgehölzen praktiziert wird.

Bei der **„Zapfenlosen Methode"** wirft man die Unterlagen ebenfalls im März ab, jedoch unmittelbar über den eingesetzten Augen mit einem Schrägschnitt von etwa 30 Grad. Wenn der austreibende Edeltrieb nicht geradewächst, muß er frühzeitig gestäbt und geheftet werden. Das „Räubern" oder „Entwildern" wurde bereits beschrieben.

Am Ende dieses Kulturjahres verfügen Sie über einjährige Veredlungen oder Okulate. Bei Sauerkirsche, Pfirsich, Aprikose und Edelquitten sind diese einjährigen, mit vorzeitigen Trieben versehenen Büsche eine pflanzfertige Ware für den obstbaulichen Standort. Von Erwerbsobstbauern werden außerdem einjährige Apfelveredlungen zur Erziehung von Schlanken Spindeln gepflanzt.

Wenn Sie beispielsweise einen Zierstrauch von Apfel, Kirsche oder Pflaume erziehen wollen, so muß das einjährige Okulat im folgenden März bis auf wenige Knospen (4 bis 6) zurückgeschnitten werden. Die schwachen Knospen an der Triebbasis zählt man nicht mit. Soll jedoch ein Stämmchen erzogen werden, folgen Sie der Empfehlung im folgenden Abschnitt.

Die Anzucht von Spindelbüschen, Buschbäumen und Niederstämmen

Bei ausreichender Triebleistung der Edelsorte im ersten Kulturjahr können im März des folgenden Jahres die Kronen für niederstämmige Baumformen angeschnitten werden. Für Spindelbüsche und Buschbäume gilt eine Stammhöhe von 40 bis 60 cm + 6 Knospen für die Bildung der Kronentriebe. Über der sechsten Knospe wird der Edeltrieb abgeschnitten. Um eine möglichst senkrecht durchgehende Mittelachse im jungen Bäumchen zu erziehen, sollte die oberste Knospe über der Schnittstelle der Unterlage stehen.

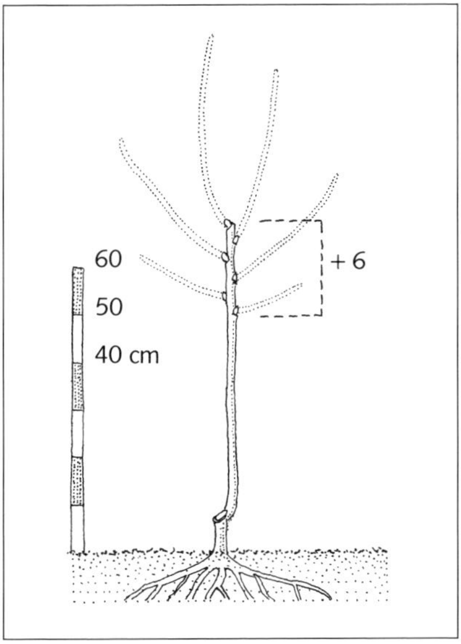

Für die Anzucht von Spindelbüschen und Buschbäumen gelten in der Baumschule Stammhöhen zwischen 40 und 60 cm. Beim Zurückschneiden der einjährigen Edeltriebe werden zur Stammhöhe 6 Knospen für die Bildung der Krone dazugerechnet.

In den folgenden Monaten müssen die jungen Gehölze gehackt, gedüngt und bei Trockenheit gewässert werden, damit sich kräftige Kronentriebe bilden. Im Mai oder Juni können Sie bereits den Konkurrenztrieb entfernen, der sich aus der Knospe unmittelbar unter dem Verlängerungstrieb gebildet hat. Im August sind alle aus dem Stämmchen gewachsenen Seitentriebe auf Astring wegzuschneiden. Es ist von Vorteil, wenn diese Stammwunden verstrichen werden. Die Aufzucht dieser Baumformen ist damit beendet. Die zweijährigen Bäume können nach dem Laubfall gerodet und an ihren vorgesehenen Platz gepflanzt werden. Wenn Frost droht, ist die Rodung auch vorher möglich. Allerdings sollten die Bäume nicht mit dem Laub eingeschlagen oder gepflanzt werden, weil die Gehölze sonst zu viel Wasser verlieren. Deshalb streift man vorher die Blätter von den Trieben.

Bei starkwachsenden Unterlagen (z. B. M 11 oder A 2) kann sich der einjährige Edeltrieb so kräftig entwickelt haben, daß Niederstämme (Stammhöhe 80 bis 100 cm) oder Halbstämme (Stammhöhe 100 bis 120 cm) angeschnitten werden können (jeweils + 6 Knospen).

Die Anzucht von Halb- und Hochstämmen

Die Anzucht von Hochstämmen, bei verschiedenen Sorten auch von Halbstämmen, dauert ein weiteres Jahr. Die einjährige Veredlung auf starkwachsender Unterlage wird in dem Frühjahr, in dem bei Buschbäumen die Kronen angeschnitten werden (zu Beginn des

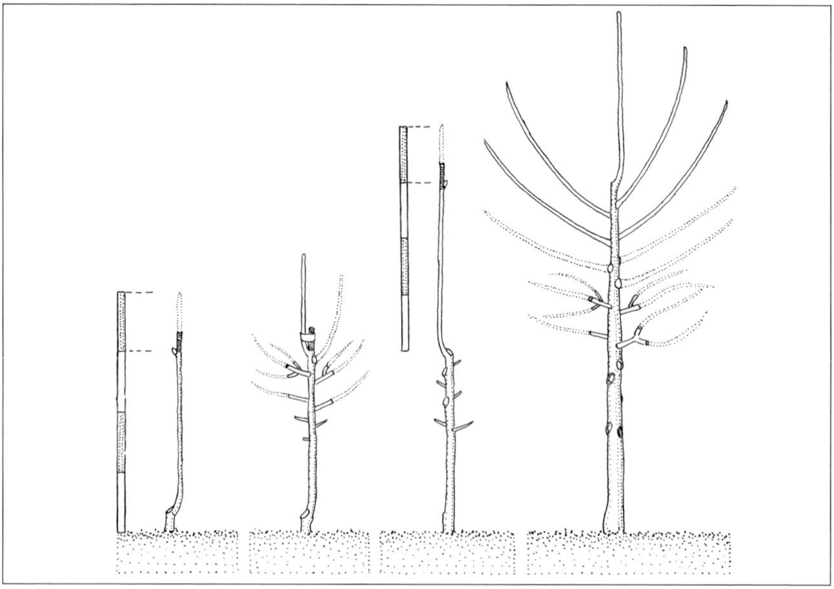

Anzucht von Halb- und Hochstämmen. Von links nach rechts: Rückschnitt des einjährigen Okulats im Frühjahr (März) auf ¾ bis ⅔ seiner Länge plus ein 10 cm langer blindgeschnittener Zapfen. Die oberste Knospe soll zum Richtungsausgleich über der unteren Schnittstelle stehen.
Frühzeitiges Heften des Verlängerungstriebes (Ende Mai bis Anfang Juni); außerdem Wegschnitt des Konkurrenztriebes und Entspitzen der Stammaustriebe.
Der Kronen-Anschnitt sollte in der beabsichtigten Höhe nur dann durchgeführt werden, wenn das abzuschneidende Triebstück wenigstens ein Viertel der Jahrestrieblänge ausmacht. Die oberste Knospe soll über der am Triebgrund vorhandenen Schnittstelle stehen; darüber sollte man einen 10 cm langen blindgeschnittenen Zapfen zum Heften des Verlängerungstriebes belassen.
Bereits im Mai werden 3 bis 4 unterhalb der Krone gewachsene Stammaustriebe entfernt (Freistellen der Krone). Darunter befindliche Seitentriebe pinzieren. Im August sämtliche Stammverstärkungstriebe und den Zapfen wegschneiden.

zweiten Kulturjahres), auf ¾ bis ⅔ ihrer Länge zurückgeschnitten. Dabei soll über der Stammverlängerungsknospe ein etwa 10 cm langer „blindgeschnittener" Zapfen stehen bleiben, an den der Neutrieb etwa Ende Mai bis Anfang Juni angeheftet wird. Bei diesem Geraderichten des Verlängerungstriebes können Sie außerdem den Konkurrenztrieb entfernen und die nach unten folgenden Seitentriebe entspitzen (pinzieren).

Die übrigen Seitentriebe, die mit ihren Baustoffen den Stamm ernähren und dadurch verstärken helfen, werden allmählich – vor allem im Juli und August – „aufgeschnitten". Das bedeutet, daß jeweils die stärksten an ihren Ansatzstellen (auf Astring) weggeschnitten werden. Zum Vegetationsende hin sind nur noch bleistiftstarke und schwächere Seitentriebe vorhanden. Im August ist außerdem der Zapfen an der Stammverlängerung wegzuschneiden.

Im folgenden März können Sie bei den nun zweijährigen Veredlungen die Kronen in 100 bis 120 cm Höhe +6 Knospen (Halbstamm) oder in 160 bis 180 cm +6 Knospen (Hochstamm) anschneiden. Wenn gewünscht und vom Wachstum her möglich, können Hochstämme auch höher angeschnitten werden. Beim Anschneiden gilt in der Obstbaumschule folgende Regel: Es kann angeschnitten werden, wenn das abzuschneidende Triebstück etwa ein Viertel der Jahrestrieblänge ausmacht. Die Knospe, aus der sich der Verlängerungstrieb bilden soll, muß über der letztjährigen Schnittstelle stehen. Zur Erzielung einer geraden Verlängerung ist es von Vorteil, über der obersten Knospe einen 10 cm langen „blindgeschnittenen" Zapfen zum Anbinden stehen zu lassen.

Bei zu schwacher Triebleistung müssen Sie den Neutrieb auf $^3/_4$ bis $^2/_3$ seiner Länge + einen kleinen Zapfen zurückschneiden. Die Anzucht dauert ein weiteres Jahr.

Damit sich die Kronentriebe ohne Konkurrenz entwickeln können, werden schon im Mai 3 bis 4 unterhalb der Krone gewachsene Seitentriebe auf Astring weggeschnitten (= Freistellen der Krone). Längere Seitentriebe stammabwärts sollten im Mai, Juni und Juli auf Fingerlänge entspitzt werden. Wenn sie jedoch zu dick geworden sind, empfiehlt es sich, sie auf Astring zu schneiden.

Im August werden alle Stämme aufgeschnitten, d. h. alle Stammverstärkungstriebe sind auf Astring zu entfernen. Falls zum Heften der Stammverlängerung ein Zapfen belassen wurde, muß dieser ebenfalls weggeschnitten werden. Die Stammwunden können Sie verstreichen. Beachtenswertes bezüglich der Rodung finden Sie im vorigen Kapitel.

Gelegentliche höhere Okulationen

Bei verschiedenen Obstarten werden zur Anzucht von Büschen, Nieder-, Halb- und Hochstämmen Unterlagen oder Stammbildner hochgezogen und in Kronenhöhe veredelt. Das geschieht häufig durch Kopulation oder Geißfußpfropfen, in seltenen Fällen durch Okulation. Über letzteres soll nun berichtet werden.

Kirschen auf Vogelkirsche und auf F 12/1. Sauerkirschenbüsche werden in Baumschulen nicht nur in Bodennähe, sondern auch in 40 bis 60 cm okuliert. Bei der Aufzucht von Süßkirschenstämmen und von Stammformen der Zierkirschen wird teilweise ebenso verfahren.

Die im Frühjahr aufgeschulten Unterlagen werden in der Regel aus jeweils der obersten Knospe, der Terminalknospe, weitergezogen. Nur wenn diese beschädigt ist, wird ein Seitentrieb angeheftet. Im Laufe des Sommers schneidet man stärkere Seitentriebe weg und entspitzt die schwächeren auf Fingerlänge. Die Okulation findet im August in Kronenhöhe statt. Im folgenden März wirft man die Unterlage mit oder ohne Zapfen ab. Es entwickeln sich vor allem bei Sauerkirsche kräftige Edeltriebe mit zahlreichen vorzeitigen Trieben. Die Verzweigung kann gefördert werden, wenn Sie den Edeltrieb entspitzen, sobald er 25 cm lang geworden ist. Im August werden die Stämme aufgeschnitten.

Pfirsich- und Aprikosenstämme. Pfirsichsorten werden auf verschiedenen Unterlagen als Buschbäume erzogen. Wer einen höheren Stamm (bis 100 cm) wünscht, kann die Unterlage 'Brompton' hochziehen und in Kronenhöhe okulieren. Dieselbe Unterlage – und außerdem 'St. Julien A' – kann für höhere Baumformen bei der Aprikose verwendet werden. Für mittelhohe Stämme eignet sich außerdem die wurzelechte 'Hauszwetsche'. Auch in diesen Fällen wird Okulation in Kronenhöhe empfohlen.

Die angewachsenen Augen sollten im November bis Anfang Dezember mit einem etwa 10 cm breiten Papierstreifen geschützt werden, der oben und unten mit Bindfaden befestigt ist. Dieser Schutzstreifen wird im Frühjahr beim Austrieb der Knospen zunächst nur oben geöffnet und erst nach dem Ende der Nachtfröste ganz entfernt.

Reiserveredlungen

In diesem Abschnitt geht es um die Weiterbehandlung von kopulierten, angeschäfteten, angeplatteten und geißfußgepfropften Veredlungspartnerschaften. Für alle diese Pfropfkombinationen gilt, daß Einschnürungen im Bereich der Veredlungsstellen durch rechtzeitiges Lösen der Verbände verhindert werden müssen, bei Frühjahrsveredlungen z.B. Anfang bis Mitte Mai. Das Durchschneiden der Bindungen sollte stets auf der Unterlage durchgeführt werden.

Bodennahe Reiserveredlungen

Die Weiterbehandlung handveredelter oder im Freiland durchgeführter Veredlungen von Kern- und Steinobstunterlagen unterscheidet sich nicht von der Anzucht der Okulationen. Allerdings wurde die Unterlage nicht nur mit einem Auge versehen, sondern mit einem Reis, das 2 bis 3 Knospen trägt. Soll ein Gehölz mit einem Stamm erzogen werden, zieht man nur den kräftigsten Edeltrieb hoch und entfernt die anderen auf Astring. Dagegen können bei der Straucherziehung alle Austriebe belassen werden. Ein kräftiger Rückschnitt dieser Triebe im folgenden Spätwinter soll zu einem gut verzweigten Strauch führen.

Praxisübliche höhere Reiserveredlungen einschließlich umgepfropfter Kronen

Reiserveredlungen in Kronenhöhe. Bei hochgezogenen Unterlagen oder bei Stammbildnern, die in Kronenhöhe gepfropft wurden, sollte der Stammverlängerungstrieb in Windlagen rechtzeitig gestäbt und angebunden werden. Die Verstärkungstriebe am Stamm werden wie beschrieben (siehe Seite 112) behandelt. Die dabei entstandenen Wunden sind zu verstreichen.

Bei kopulierten Beerenobststämmen wäre es falsch, die sich bildenden Stammaustriebe ganz wegzuschneiden. Es ist zweckmäßiger, einzelne kräftige Sprosse an der Stammbasis ganz zu entfernen, die übrigen aber mehrmals zu entspitzen. Das Aufputzen der Stämme (= Wegschneiden aller Seitentriebe) sollte nicht vor August geschehen.

Bei Beerenobststämmen, die durch Anplatten oder Seitliches Einspitzen veredelt wurden, wirft man die Unterlagen im darauffolgenden März auf 15 bis 20 cm lange Zapfen über der Veredlungsstelle ab. Es ist erforderlich, daß an diesen Zapfen jeweils eine austriebsfähige Knospe erhalten bleibt, deren Austrieb mehrmals entspitzt werden muß. In der folgenden Vegetationsperiode sollten Sie die Krone an diesen Zapfen

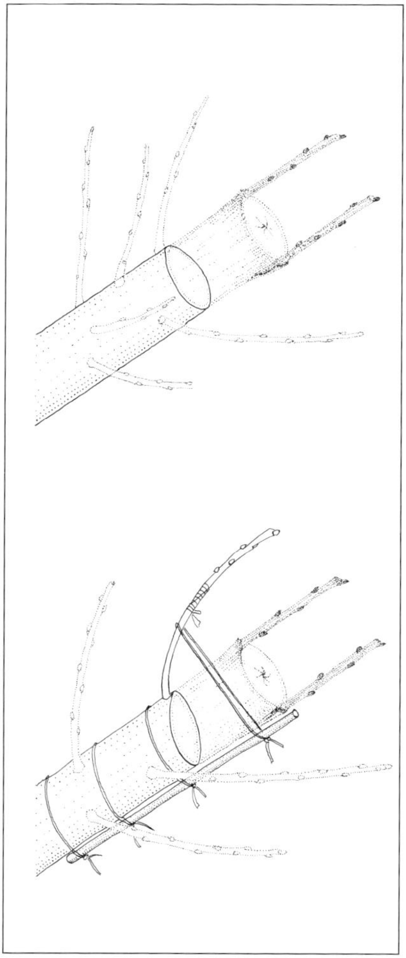

Nachveredlung von ausgefallenen Pfropfköpfen. Oben: Den alten Pfropfkopf um 15 cm kürzen und erneut pfropfen. Unten: Die Nachveredlung kann auch auf einem astoberseits gewachsenen einjährigen kräftigen Unterlagentrieb mittels Kopulation vorgenommen werden. Zur rascheren Wundüberwallung würde ein Reis beitragen, das auf der Unterseite der Pfropfkopfwunde hinter die Rinde geschoben wird.

anbinden. Er wird im August an der Veredlungsstelle abgeschnitten. Die Wunde ist sorgfältig zu verstreichen. Die Behandlung der Unterlage wurde bereits beschrieben.

Reiserveredlungen in der Krone. Nachdem bei Umpfropfungen die Bastverbände gelöst sind, ist an den Pfropfköpfen zu prüfen, ob man nicht lückige Verwachsungsstellen nachstreichen muß. Abgestorbene Rindenteile werden mit dem Messer entfernt, die Wunden mit Wundwachs bedeckt.

Im Laufe des Sommers muß die Edelsorte „freigestellt" werden. Das bedeutet, daß Sie alle Unterlagenneutriebe entfernen müssen, welche die Edeltriebentwicklung behindern. In Windlagen kann das Stäben der Verlängerungstriebe notwendig werden.

Ausgefallene Pfropfköpfe können bereits im Sommer mit Sommerreisern oder im folgenden Frühjahr mit Winterreisern nachveredelt werden. Wie dabei vorzugehen ist, können sie in der Abbildung erkennen.

Beim folgenden Winterschnitt muß entschieden werden, wie die für den Kronenaufbau nicht benötigten Edeltriebe zu behandeln sind.

Je Pfropfkopf können 1 bis 2 Edeltriebe als Fruchtholz (auf Zeit) unbeschnitten bleiben; der Rest wird zur Förderung der Überwallung kurz geschnitten. Sie sollten jährlich außerdem einen Teil der Zugäste entfernen.

Nacharbeiten bei Rosenokulationen

Buschrosen. Die im Spätherbst zum Schutz der eingesetzten Augen angehäufelten Rosenunterlagen werden etwa Anfang März mit der Hacke abgehäufelt.

Dann müssen die Unterlagensprosse mit einer scharfen Schere etwa 1 cm über den Edelaugen abgeschnitten werden. Die Wunden sind mit einem Wundverschlußmittel zu verstreichen. Nachveredlungen können zu diesem Zeitpunkt nicht mehr ausgeführt werden.

Wenn sich aus den Edelaugen gut fingerlange Edeltriebe entwickelt haben, sollten diese über dem dritten Blatt abgeknipst bzw. abgeschnitten werden. Dieses Entspitzen oder Pinzieren fördert die Verzweigung aus Reserveaugen; es muß ein- oder zweimal in der beschriebenen Weise wiederholt werden. Durch dieses Einkürzen der Edeltriebe wird außerdem verhindert, daß die in kurzer Zeit kräftig gewachsenen, aber nur unzureichend verankerten Sprosse an ihrer Basis ausbrechen. Beim Entspitzen müssen außerdem alle Wildtriebe, die sich aus der Unterlage gebildet haben, mit Messer oder Schere „ansatzlos" entfernt werden.

Das Holz der Rosen muß gut ausreifen, damit keine Winterschäden entstehen. Falls die Rosensträucher nicht am endgültigen Standort veredelt worden sind, sollte die Rodung deshalb nicht vor Mitte bis Ende Oktober – bei günstigem Herbstwetter eher später – erfolgen. Unmittelbar nach dem Roden müssen die Triebe mit der Schere entblättert werden.

Stammrosen. Die okulierten Rosenwildstämme werden im Spätherbst auf 15 bis 20 cm lange Zapfen über dem oberen Auge abgeworfen. Erst dann werden sie niedergelegt und mit Boden so bedeckt, daß die eingesetzten Augen vor den Unbilden des Winters geschützt sind.

Im März bis Anfang April des folgenden Frühjahres legt man die Stämme frei und richtet sie auf. Vor dem Anbinden an Tonkinstäbe müssen die Zapfen einen Zentimeter über dem oberen Auge weggeschnitten werden. Es wird empfohlen, die Schnittwunden zu verschließen.

Die beiden sich bildenden Edeltriebe werden ebenfalls nach dem dritten Blatt entspitzt, damit gut verzweigte Kronen entstehen. Im weiteren Wachstumsverlauf wird noch ein- bis zweimal pinziert. Außerdem müssen Sie alle Wildtriebe an der Unterlage „räubern".

Veredlungsmesser

Aus verschiedenen Gründen sind die üblichen Taschenmesser für das Veredeln ungeeignet: das Heft liegt schlecht in der Hand; die Klingen sind vielfach zu schmal und zudem von beiden Seiten zugeschliffen, so daß eine Schnittführung unmöglich ist; der Klingenstahl läßt sich nicht ausreichend schärfen (abziehen). Es war notwendig, für das Veredeln nicht nur ein spezielles Messer, sondern für verschiedene Veredlungsmethoden unterschiedlich ausgeformte Spezialmesser herzustellen. Der Fachhandel bietet dafür die richtigen Messer an: für Reiserveredlungen Kopuliermesser oder Kopulierhippen und für Augenveredlungen Okuliermesser.

Von diesen Spezialmessern gibt es einfache, gehobene und sehr anspruchsvolle Ausführungen. Dementsprechend staffeln sich die Preise. Ein Messer mit Heftschalen aus Nußbaumholz ist eben teurer als ein mit Hartgummi- oder Kunststoffschalen ausgerüstetes. Das sind „Äußerlichkeiten", die Sie nach persönlicher Neigung entscheiden können. Das Wichtigste beim Kauf von Veredlungsmessern ist etwas anderes: die Qualität des Klingenstahls, die darüber

Spezialmesser für das Veredeln. Von links nach rechts: Kopuliermesser (Grundform); Kopuliermesser mit ausgeschmiedetem Löser am vorderen Klingenrücken; Kopulierhippe; Okuliermesser mit Löser aus Bein.

entscheidet, ob ein Messer überhaupt scharf abgezogen werden kann und wie lange sich diese Schärfe beim Arbeiten erhält. Es gibt äußerlich einfach aufgemachte preiswerte Veredlungsmesser mit hervorragender Stahlqualität der Klinge, im Gegensatz zu teuren Messern mit ungeeignetem Stahl. Lassen Sie sich vom Fachmann, einem Messerschmied beraten. Im Fachhandel können Sie Kopulier- und Okuliermesser für Rechts- und Linkshänder erwerben.

Will man diese Spezialmesser über einen längeren Zeitraum funktionsfähig erhalten, ist eine gewisse Pflege unerläßlich. Dazu gehört, daß Heft und Klinge nach jedem Gebrauch gereinigt werden. Außerdem müssen Klingenniete und Feder in Abständen geölt werden. Unsachgemäßes Handhaben kann dazu führen, daß der gehärtete Stahl ausbricht, beispielsweise beim Wegschneiden von abgestorbenem dürrem Holz. Größere Scharten in der Schneide müssen vom Messerschmied ausgeschliffen werden.

Kopuliermesser und Kopulierhippe. Bei Kopuliermessern ist die Schneide als

Gerade geformt. Die Messerhefte sind meist langgezogene Ellipsen; manchmal sind sie wie bei Hippen leicht gebogen und kräftiger ausgeformt. Das bedeutet, daß sie besonders gut in der Hand liegen. Für den Anfänger ist das Kopuliermesser beim Zuschneiden von Reisern (z.T. auch von Unterlagen) und beim Einschneiden in Pfropfköpfe einfacher zu handhaben als die leicht gebogene Klinge der Kopulierhippe. Manche Hersteller bieten neben der einfachen Klingengrundform Klingen mit ausgearbeiteten Lösern am vorderen Klingenrücken an. Ein derartiger Löser kann bei gelegentlichem Okulieren von Nutzen sein, wenn Sie sich kein spezielles Okuliermesser anschaffen wollen. Bei Pfropfmethoden hinter die Rinde ist dieser Löser selten zu gebrauchen. Es ist in der Regel besser, sich ein entsprechendes Instrument aus einem Hartholzstab herzurichten.

Nicht wenige Fachleute bevorzugen bei Reiserveredlungen die Kopulierhippe deshalb, weil das leicht geschwungene Heft gut in der Hand liegt. Außerdem ist die leicht gebogene Klinge etwas stärker und breiter ausgeführt als die des Kopuliermessers. Das ermöglicht, neben den üblichen Kopulationsschnitten auch kraftaufwendigere Schnitte, z. B. beim Zuschnitt der Unterlagen für das Anplatten, sicher auszuführen.

Okuliermesser. Wenn Sie zum ersten Mal mit einem Okuliermesser Augen aus einem Trieb und T-Schnitte in Unterlagen geschnitten haben, wird Ihnen klar, warum Okuliermesser im Vergleich zu Kopuliermessern oder -hippen eher zierliche Messer sein müssen. Beim Okulieren kommt es weniger auf Kraft als auf Geschicklichkeit an. Die kleineren, geschwungenen Klingen ermöglichen ein flaches Unterschneiden der Augen und das Herstellen von „Taschen" zwischen Rinde und Holz der noch jungen Unterlagen. Ähnlich wie bei bestimmten Kopuliermessern ist bei manchen Okuliermesserfabrikaten der Löser auf dem vorderen Klingenrücken ausgeschmiedet. Andere Modelle haben den Löser auf der dem Messer gegenüberliegenden Heftseite: als feststehender oder einklappbarer zungenartiger Sporn aus Kunststoff, Bein oder Elfenbein. Schließlich gibt es Okuliermesser, bei denen das Heft aus Horn einseitig so abgeflacht und zugespitzt ist, daß es als Löser benutzt werden kann.

Um Ihre Veredlungsmesser nicht zu ruinieren, sollten Sie vor dem ersten Schärfen (Abziehen) unbedingt den folgenden Abschnitt genau durchlesen!

Das Schärfen der Veredlungsmesser. Für das sogenannte Abziehen benötigt man einen einfachen Abziehstein mit feiner bis mittlerer Körnung. Der Fachhandel bietet neben Natursteinen, wie „Belgischer Brocken" (für den Feinabzug), auch künstliche ein- und zweischichtige Abziehsteine aus verschiedenen Materialien und mit unterschiedlicher Körnung an. Die meisten Abziehsteine sind flach geformt. Bei einigen ist eine Seite gewölbt, damit Okuliermesser und Hippen leichter abgezogen werden können. Sicher ist, daß der Wetzstein zum Schärfen von Sensen für diese Spezialmesser ungeeignet ist; er wäre zu grobkörnig.

Im Fachhandel erworbene Veredlungsmesser sind mit einem Fabrikschliff versehen. Um Pflanzenteile zum Veredeln fachgerecht zuzuschneiden, reicht dies nicht aus. Das Messer muß deshalb vor Arbeitsbeginn abgezogen werden. Dabei ist es wichtig zu wissen, daß alle Veredlungsmesser nur einseitig zugeschliffen sind. Sie dürfen niemals von beiden Seiten abgezogen werden, weil

Veredlungsmesser dürfen niemals zweiseitig abgezogen werden. Zum Schärfen der Klinge wird die Oberseite auf den Abziehstein aufgelegt und dann gegen die Schneide abgezogen.

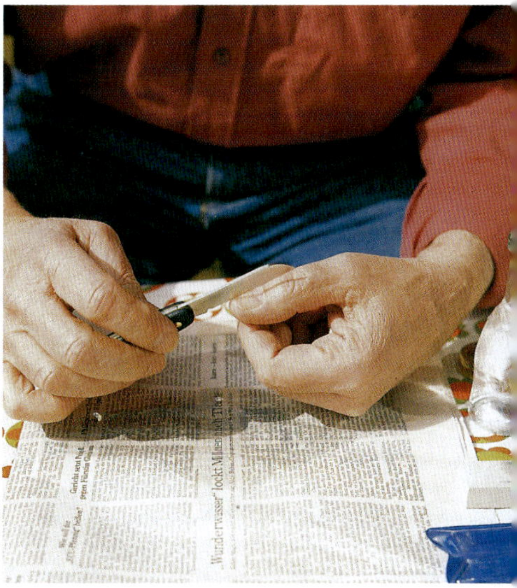

Die Nagelprobe: Die Schneide des geschärften Messers ohne jeden Druck über die obere Rundung des Daumennagels ziehen; ein scharfes Messer hinterläßt eine Spur im Horn.

sonst die Schnittführung verlorengeht! Die Messerklinge ist für Rechts- und Linkshänder jeweils auf der Ober- oder auch Ballenseite zugeschliffen. Das können Sie leicht nachprüfen. Auf der Ballenseite ist außerdem die Nageleinkerbung zum Öffnen des Messers eingeschliffen und vielfach der Herstellername plaziert. Nur diese Seite darf abgezogen werden! Vor dem Abziehen befeuchten Sie den Stein mit Wasser. Bei trockenem Abziehen würde der Stein seine Griffigkeit verlieren. Zunächst wird ein mit einer geraden Klinge ausgestattetes Kopuliermesser abgezogen. Legen Sie dazu die Klinge mit der Ballenseite so auf die Abziehfläche, daß sich der Klingenrücken etwa 2,5 bis 3 mm (Streichholzstärke) über der Abziehfläche befindet. Dann wird die Klinge unter leichtem Druck in kreisenden Bewegungen *gegen* die Schneide geführt: dreißigmal, vierzigmal oder noch öfter. Wenn Sie glauben, daß das Messer scharf ist, drehen Sie es um. Die Klingenunterseite muß dem Stein ganz flach aufliegen. Es werden 2 bis 3 Schleifbewegungen wiederum gegen die Schneide ausgeführt, um den beim Schärfen entstandenen Grat an der Schneide zu beseitigen.

Dann kommt die „Nagelprobe“: Ziehen Sie die Schneide ohne Druck über die obere Rundung Ihres Daumennagels; ein ausreichend scharfes Messer hinterläßt eine schwache Kerbe im Nagel. Wird dieser Schärfebeweis beim ersten Abziehen nicht erreicht, muß erneut abgezogen und geprüft werden (möglicherweise mehrmals).

Messer mit geschweiften Klingen (Okuliermesser, Kopulierhippen) müssen dem Verlauf der Schneide folgend abgezogen werden. Das erfordert, daß der Schärfevorgang teilweise oder überwiegend am Rand bzw. an der Kante des Abziehsteins stattfindet. Bei Abziehsteinen mit einer gewölbten Seite ist das Abziehen dieser Messer einfacher.

Bei umfangreichen Veredlungsvorhaben, wie z. B. dem Umpfropfen eines größeren Obstbaumes, läßt die Schärfe der Schneide nach einer gewissen Zeit nach, so daß erneut abgezogen werden muß. Das bedeutet, daß in solchen Fällen Abziehstein und Wasser mitgeführt werden müssen. Im Notfall können Sie den Abziehstein auch mit Speichel benetzen.

Nach dem Abziehen wird die Messerklinge mit einem Lappen oder Papiertaschentuch abgewischt und der Abziehstein mit Wasser abgespült.

Baumschere und Baumsäge

Zu verschiedenen Schnittbehandlungen an Unterlagen und Edelreisern ist eine quetschfreie zweischneidige oder eineinhalbschneidige Gartenschere erforderlich. Sogenannte Amboßscheren sind für diese Facharbeiten unbrauchbar.

Wer umpfropfen will, benötigt außerdem eine Baumsäge. Besonders bewährt haben sich Bügelsägen mit einem Spannhebel, mit dessen Hilfe das eingespannte Schwedenstahlblatt verstellt werden kann. Lassen Sie sich beim Neukauf vom Fachhändler beraten.

Die Scherenklinge muß in Abständen auf dem Schleifstein abgezogen werden. Schwedenstahlblätter mit gehärteten Spitzen der Zähne müssen nicht, einfache Sägeblätter dagegen in Abständen durch Feilen geschärft werden.

Scherenklingen und Sägeblätter verschmutzen bereits nach kurzem Gebrauch. Ein öfteres Reinigen, z. B. mit Spiritus, ist deshalb erforderlich. Um das einwandfreie Funktionieren von Baumschere und Bügelsäge möglichst lange zu erhalten, müssen alle beweglichen Teile einschließlich der Scherenfeder immer wieder geölt werden.

Materialien zum Verbinden

Die Verwachsung von Veredlungspartnern kann nur stattfinden, wenn die beiden Kambien fest gegeneinander gepreßt werden. Es bedarf deshalb straff angelegter Verbände, die aus geeigneten Materialien bestehen.

Naturbast oder Raphiabast. Raphiabast ist im Garten ein nach wie vor geschätztes Naturprodukt für vielerlei Bindearbeiten. Leider ist die Qualität des in Gartenmärkten angebotenen Naturbastes für Veredlungsverbände nicht ausreichend. Guter lang- und genügend breitfädiger, weißlichgelber Bast von einer gewissen Elastizität wird nur noch selten und dann im Bund zu erhalten sein. Für den einzelnen Liebhabergärtner ist ein Bastbund meistens zuviel. Wenn sich aber zwei Gartenfreunde diese Menge teilen, verfügt jeder über ein hervorragendes Bindematerial für das Veredeln.

Während für Umpfropfungen jüngerer Obstbäume möglichst lange und breite Fäden bevorzugt werden, können Okulationen und Kopulationen mit kürzeren, vor dem Veredeln zugeschnittenen Baststücken (etwa 40 cm lang und 0,8 bis 1,2 cm breit) verbunden werden.

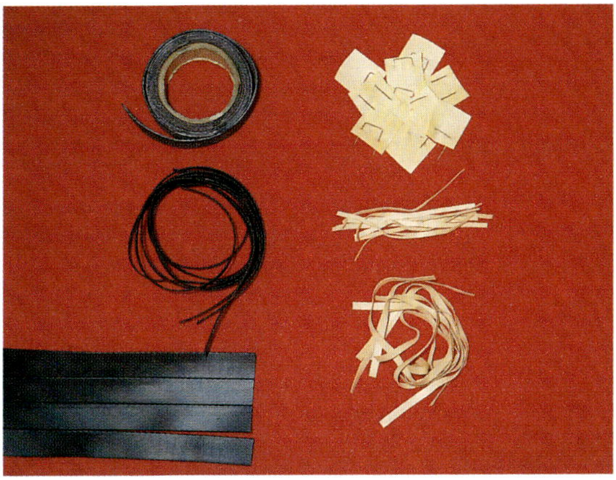

Bindematerialien aus Gummi: Baumanbinder verschiedener Breiten (links); Okulations-Schnell-Verschlüsse (OSV oder „Okulette") rechts oben; darunter Gummiveredlungsfäden.

Naturbast muß immer trocken verwendet werden, sonst würde er sich beim Trocknen lockern.

Kunstbast. Ich benutze Kunstbast seit vielen Jahren mit bestem Erfolg. Kritiker bemängeln, daß diesem Kunstprodukt die Elastizität des Naturbastes fehle. An Veredlungsstellen komme es daher immer wieder zu teilweise gefährlichen Einschnürungen, vor allem dann, wenn bei Kunststoffdispersionsüberzügen nicht jede Bastbahn durchgeschnitten werde. Das alles stimmt und muß beachtet werden. Dennoch ist Kunstbast für den Liebhaberveredler, der seine Veredlungen ständig überwachen kann, ein leicht zu verarbeitendes und billiges Material zum Verbinden.

Kunstbast mit einer Fadenbreite von 4 bis 5 mm (auseinandergezogen etwa 25 mm) ist für das Verbinden von Pfropfköpfen in der Regel ausreichend. Für schwächere Veredlungsstellen beim Kopulieren oder Okulieren kann dieser Kunstbast ein- oder zweimal geteilt werden. Kunstbastverbände müssen in jedem Fall aufgeschnitten werden.

Bänder, Fäden und Manschetten aus Gummi. Zum Anbinden von Gehölzen werden im Landschaftsbau unter anderen Materialien auch Gummibänder (z. B. „Elastofix"-Baumanbinder) verschiedener Breiten und Stärken verwendet. Diese Bänder lassen sich gut für das Verbinden von Pfropfköpfen gebrauchen. Für Pfropfköpfe bis zu einem Durchmesser von etwa 6 cm reicht eine Bandbreite von 1 cm aus; für größere Pfropfköpfe müssen breitere Bänder (2 bis 3 cm) benutzt werden. Gerade bei großen Pfropfköpfen zeigt sich die Überlegenheit zum Bast. Wenn beim Anbinden mit diesen Gummibändern darauf geachtet wird, daß die Bahnen überlappend oder „auf Stoß" angelegt werden, kann auf das Verstreichen der seitlichen Verwundungen mit einem Veredlungsmittel verzichtet werden. Das ist im Hinblick auf die mehrmalige Gebrauchsmöglichkeit der Bänder von Vorteil: Sie bleiben von Rückständen des Veredlungsmittels verschont. Die 1 cm breiten Gummibänder können am Ende des Verbandes einmal durch die letzte Bindung geschlungen und angezogen werden. Einfacher und für die Sicherung des Verband-Endes zuverlässiger ist es jedoch, das Ende des Gummibandes umzuschlagen und dieses doppelte Ende durch einen Drahtstift (25 bis 30 m lang) zu fixieren, der etwa bis zur Hälfte seiner Länge in Rinde und Holz geschlagen wird. Diese Schlußsicherung ist bei breiten Gummibändern ohnehin zu empfehlen.

Wenn die Pfropfreiser angewachsen und die Hohlräume zwischen Rinde und Holz mit Kallus ausgefüllt worden sind, löst man die Gummibänder durch Herausziehen des Drahtstiftes aus dem Holz mit Hilfe einer Beißzange.

Gummifäden und Gummimanschetten. Bei der Vermehrung der Gehölze in den Baumschulen ist jeder Handgriff ein weiterer Kostenpunkt. Beim arbeitsaufwendigen Veredeln war es ein beachtlicher Fortschritt, als neue, einfacher als Bast zu handhabende Veredlungsfäden und Okulationsmanschetten aus Kautschuk entwickelt wurden, die außerdem zu beachtlichen Leistungssteigerungen führten.

Ein besonderer Vorteil liegt in der Gummizusammensetzung dieser Produkte. Nach einer bestimmten Zeit werden sie brüchig und fallen von allein ab. So kann man sich das Lösen der Verbände sparen. Es ist jedoch empfehlenswert, Gummifadenverbände auf Einschnürungen zu überprüfen.

Es wäre für den Hobbyveredler reizvoll, wenn er diese vorteilhaften Hilfsmittel ebenfalls beim Veredeln verwenden könnte. Leider ist es noch immer schwierig, sich diese Materialien zu beschaffen, weil der Fachhandel bisher ausschließlich Großpackungen anbietet. In neuerer Zeit sind besonders kundenfreundliche Baumschuler bereit, Gummifäden und Okulations-Schnellverschlüsse (= Okulette-Fleischhauer) in kleinen Mengen an Interessierte abzugeben. Gummibänder können Sie dagegen eher in Landschaftsbaubetrieben erhalten.

Chip-Veredlungen werden des öfteren mit PE-Streifen verbunden. Da diese Streifen für den Laien meist noch schwieriger zu beschaffen sind als die Gummiprodukte, wird auf eine weitere Beschreibung verzichtet, zumal bei dieser Methode zugeschnittener Kunstbast (40 cm × 1 cm) oder jedes andere Bindematerial benutzt werden kann.

Drahtstifte zum Annageln von Reisern. Bei Pfropfköpfen mit großem Durchmesser, die beim Umpfropfen älterer Bäume vor allem in früheren Jahren entstanden sind, ist Bast als Verbandmittel unzureichend geeignet. Irgendein findiger Baumwart oder Obstbauer hat mit der zunächst vermeintlichen „Unsitte" begonnen, losgelöste Rinde samt Reisern gegen das Holz zu nageln. Und siehe da: es ging, und zwar ohne Nachteile für den Baum. Die kleinen 25 bis 30 m langen Drahtstifte mit genügend breitem Stiftkopf werden rasch überwallt, d. h. eingeschlossen. Sie schaden weder dem Reis noch der Unterlage. Diese guten Erfahrungen sind auch nützlich beim Einveredeln von Reisern zum Garnieren verkahlter Äste oder bei der Überbrückung von Wunden an Stämmen oder starken Ästen.

Mittel zur Veredlung und Wundbehandlung

Okulationen und Chipveredlungen werden in der Regel nicht verstrichen. Dagegen ist es bei allen Reiserveredlungsmethoden unerläßlich, die fachmännisch zugeschnittenen, aufeinandergefügten und verbundenen Pfropfpartner mit geeigneten, d.h. von einer Prüfstelle (Biologische Bundesanstalt für Land- und Forstwirtschaft) zugelassenen Mitteln zu verstreichen.

Suchen Sie beim Einkauf ein „Mittel zur Veredlung und Wundbehandlung" aus. Mittel, die allein für die Wundbehandlung ausgewiesen sind, eignen sich nicht zum Verstreichen von Veredlungen! Bei den zur Veredlung und Wundbehandlung zugelassenen Mitteln können Sie aus zwei Produktgruppen auswählen:

Wachse, Harze
Baumwachs Bärtschi kaltflüssig
Baumwachs „Brunonia"
Baumwachs flüssig
Baumwachs Pomona kaltstreichbar
Baumwachs Pomona warmstreichbar
Baumwachs Wülfel
Baumwachs Wülfel kaltflüssig
Lauril Baumwachs
Lauril Wundwachs
Maywax Baumwachs kaltstreichbar
Nenninger's Baumharz warmflüssig
Nenninger's Baumwachs kaltstreichbar
Trigol Baumwachs warmflüssig
Trimona Baumwachs kaltstreichbar
Widder-Baumwachs

Mittel auf Kunststoffbasis
Drawipas (1% Thiabendazol)*
Frankol Baumpflaster
LacBalsam – Die künstliche Rinde
maiblü Baum-Wundbehandlungsmittel (1% Thiabendazol)*
Plastic-Baumwachs Bärtschi
Tervanol
Wundverschluß Drawipas (1% Thiabendazol)
Wundverschluß Spisin (1% Thiabendazol)

Kaltstreichbare Baumwachse zählen zu den altbewährten, einfach anzuwendenden Verschlußmitteln bei allen Reiserveredlungen. Die etwas zähflüssige Masse wird mit Hilfe eines Spachtels auf die Veredlungsstellen aufgetragen und verschmiert. Die bei kühlem Wetter nachlassende Streichfähigkeit kann durch Verflüssigung in einem Wasserbad und Verdünnung mit Spiritus bei 50 bis 40 °C verbessert werden. Überhaupt sollte länger gelagertes Wachs vor dem Gebrauch eingeschmolzen werden, damit sich die durch die Lagerung gelösten und zu Pflanzenverätzungen neigenden Öle und Fette wieder mit dem Harz verbinden. Das im Wasserbad leicht verdünnte Wachs sollte von butterähnlicher Konsistenz sein.

Die in Baumschulen bei Massenveredlungen benutzten warmflüssigen Baumwachse und Baumharze spielen für den Hobbyveredler keine Rolle.

Veredlungsmittel auf Kunststoffbasis lassen sich mit dem Pinsel auftragen, der nach Gebrauch einfach ausgewaschen wird. Kunststoffdispersionen sind sowohl für Winterhandveredlungen als auch für Freilandveredlungen gut geeignet, doch können sie aufgrund ihrer Wasserlöslichkeit nicht unmittelbar vor oder bei Regen benutzt werden. Diese Mittel sind außerdem frostempfindlich. Sie sollten nicht bei Temperaturen unter +5 °C angewendet werden. Man muß sie außerdem frostfrei lagern. Achten Sie bitte in der obigen Übersicht auf die Fußnote bezüglich der fungiziden Zusätze!

* Beachten Sie dazu mögliche Gesetze auf Länderebene, welche die Anwendung von Pflanzenschutzmitteln für den Hobbygärtner einschränken!

Zum Weiterlesen

Bärtels, Andreas: Der Baumschulbetrieb, 4. Aufl., Verlag Eugen Ulmer, Stuttgart, 1995.

Bärtels, Andreas: Gehölzvermehrung, 5. Aufl., Verlag Eugen Ulmer, Stuttgart, 2008.

Kawollek, Marco; Kawollek, Wolfgang: Alles über Pflanzenvermehrung. Vegetative Vermehrung und Samenzucht, 2. Aufl., Verlag Eugen Ulmer, Stuttgart, 2016.

Kawollek, Wolfgang: Das große Ulmer Gartenbuch, 5. Aufl., Verlag Eugen Ulmer, Stuttgart, 2016.

Link, Hermann: Schneiden und Veredeln von Obstgehölzen. Verlag Eugen Ulmer, Stuttgart, 2007.

Schulz, Bernd; Großmann, Gerd: Obstgehölze erziehen und schneiden, 2. Aufl., Verlag Eugen Ulmer, Stuttgart, 2009.

Zehnder, Markus; Weller, Friedrich: Streuobstbau. Obstwiesen erleben und erhalten, 3. Aufl., Verlag Eugen Ulmer, Stuttgart, 2016.

Sachregister

Bei mehreren Seiten verweisen halbfette Ziffern auf thematische Schwerpunkte.

Titelfoto: Flora Press/BIOSPHOTO/Eric Guilloret

Bibliografische Information der Deutschen Nationalbibliothek
Die Deutsche Nationalbibliothek verzeichnet diese Publikation in der Deutschen Nationalbibliografie; detaillierte bibliografische Daten sind im Internet über http://dnb.d-nb.de abrufbar.

Wollgrasweg 41, 70599 Stuttgart (Hohenheim)
E-Mail: info@ulmer.de
Internet: www.ulmer.de
Lektorat: Dr. Steffen Volk
Herstellung: Gabriele Wieczorek
Umschlag-Gestaltung: Verlag Eugen Ulmer
Satz: r&p digitale medien, Leinfelden-Echterdingen
Druck und Bindung: Firmengruppe APPL, aprinta-druck, Wemding
Printed in Germany

ISBN 978-3-8186-0713-5

HIER KÖNNEN SIE WEITERLESEN

In diesem Buch erfahren Sie, wie Sie auf Ihrem Weg zum Obstgarten vorgehen. Es enthält alles rund ums Planen, Pflanzen, Pflegen, Schützen und Ernten und stellt rund 30 Kern-, Stein- und Beerenobstarten sowie Wein, Kiwi und Wildfrüchte vor, inklusive kompakter Sorten für kleine Flächen. Praktische Tipps helfen Ihnen dabei, die frisch geernteten Früchte lecker zu verwerten, und mit dem ausführlichen Sortenverzeichnis treffen Sie garantiert die richtige Wahl für Ihren Garten.

Obstgarten - einfach machen! Richtig pflanzen, pflegen, ernten von Apfel bis Kornelkirsche. Damit es immer was zu pflücken gibt. N. Faßmann. 2023. 160 Seiten, 113 Farbfotos, 49 farbige Zeichnungen, 21 Tabellen, Klappenbroschur. ISBN 978-3-8186-1627-4.